立德崇能

物 理

第一册

《物理》编写组 编

修订版

苏州大学出版社

图书在版编目(CIP)数据

物理. 第一册/刘爱武主编;《物理》编写组编
. —修订本. —苏州:苏州大学出版社,2019.6(2023.6重印)
 教育部职业教育与成人教育司推荐教材　五年制高等
职业教育文化基础课教学用书　"十二五"职业教育国家
规划教材　经全国职业教育教材审定委员会审定
 ISBN 978-7-5672-2775-0

Ⅰ.①物… Ⅱ.①刘… ②物… Ⅲ.①物理学—高等
职业教育—教材 Ⅳ.①O4

中国版本图书馆 CIP 数据核字(2019)第 091386 号

声　明

非经我社授权同意,任何单位和个人不得编写出版与苏大版高职系列教材配套使用的教辅读物,否则将视作对我社权益的侵害。

特此声明。

苏州大学出版社

物　理(第一册)·修订版

《物理》编写组　编

责任编辑　周建兰

苏州大学出版社出版发行
(地址:苏州市十梓街1号　邮编:215006)
南通印刷总厂有限公司印装
(地址:南通市通州经济开发区朝霞路180号　邮编:226300)

开本 787 mm×1 092 mm　1/16　印张 14.5　字数 326 千
2019 年 6 月第 1 版　2023 年 6 月第 15 次修订印刷
ISBN 978-7-5672-2775-0　定价:39.00 元

苏州大学版图书若有印装错误,本社负责调换
苏州大学出版社营销部　电话:0512-67481020
苏州大学出版社网址　http://www.sudapress.com
苏州大学出版社邮箱　sdcbs@suda.edu.cn

修订版前言

五年制高职公共基础课系列教材自 1998 年出版以来,历经多次修订,从体例到内容更加成熟,质量不断提升,得到了各使用学校师生的普遍认可和肯定,并顺利通过教育部组织的专家审定,列入教育部向全国推荐使用的高等职业教育教材,成为我国职业院校公共基础课的品牌教材之一.

近年来,职业教育教材建设的内外环境发生了许多新变化.首先是我国把发展现代职业教育,加快高素质、高技能人才培养作为推进人才强国战略,增强我国核心竞争力和自主创新能力,建设创新型国家的重要举措.与之相适应,新的高等职业教育人才培养方案、课程标准等陆续出台,职业院校课程结构调整及公共基础课教学改革持续推进,这些都对教材建设提出了新要求.其次是职业院校生源的不断变化,中高职教育衔接贯通等培养模式的探索也要求教材建设与之适应.此外,经过近二十年的变迁,参加教材编写的作者情况变化较大,确有需要从教学一线吸收新的骨干力量参加到教材建设工作中来.

为此,我们再次组织部分作者分批对教材进行调整修订.本次修订遵循"拓宽基础、强化能力、立足应用"的基本原则,力求进一步体现基础性、应用性和发展性的有机统一,弱化课程理论体系,强化能力培养和实际应用.修订中还适当参考了部分优秀初高中教材和高职教材对有关内容的最新论证和表述,修正了不具时效性和不符合职业教育培养目标要求的内容.本着实事求是、方便教学的考虑,有些教材修订幅度较大,有些则仅做局部的修改调整.我们期望新版修订教材既能切合新时期学生发展的实际,保证学生应有的人文和科学素养,又能为学生专业课程的学习、终身学习和自主发展铺路架桥、夯实基础.

在五年制高职公共基础课教材近二十年的建设过程中,我们得到了江苏省教育厅、江苏联合职业技术学院及各有关院校的热情关心和大力支持;本次教材修订也是在原教材编写者和历次修订者多年来付出的辛勤劳动和工作成果的基础上进行的,修订工作得到了他们一如既往的理解和帮助.在此,我们谨表示最诚挚的感谢!

与教材配套使用的《学习指导与训练》也做了同步修订.另外,供教师使用的《教学参考用书》(电子版)可访问苏州大学出版社网站(http://www.sudapress.com)"下载中心"参考或下载.

修订说明

随着高等教育的快速发展和高职教育类型的多样化，五年制高职学生的生源状况发生明显变化，大部分学生感到物理难学.现有五年制高职物理教材在前五次修订的基础上，又广泛征求各方意见，力图通过本次修订，使新教材与学生文化基础、学习能力相适应，着力打造满足五年制职业教育教学需要、充满时代特色的物理课程，突出以培养职业能力和素质为本位的职业教育课程观，引领职业教育公共基础课教学改革方向.

本次修订主要注重处理好以下几个方面的问题：

1. 强调五年制高职物理课程定位，按"做中学、做中教"的理念设计.

根据五年制高职物理课程定位，按"做中学、做中教"的理念设计，进一步加强物理与技术、生活的结合.确保所选知识点与技能训练项目更合理对接，学生能"学得会，用得上".将"技能实训"打造为本教材的创新亮点，采用项目—任务驱动的教学方法，每个项目都由工作任务引领，在完成任务的过程中帮助学生理解必需的物理知识，训练操作技能，培养职业能力.

2. 内容创新，注重物理与技术的结合.

调整了反映科学技术最新发展的材料，及时传播和介绍新知识、新技术、新工艺和新材料.同时，原创了与最近科技成果有关的教学内容和习题等，以激发学生探索自然的兴趣，促进学生认识物理对科技、文化、经济和社会发展的影响，帮助学生适应现代生活.

3. 栏目新颖，篇幅适宜，坚持以学生为中心的理念.

设计了"观察与思考""知识研读""小常识""小实验""做一做""小制作""思考与练习""阅读材料"等栏目，增强物理知识与技术应用、日常生活应用的联系,注重强化学生动手操作能力和知识应用能力的培养,体现物理学的实践性、应用性.

4. 内容亲切、易懂、实用,符合五年制高职学生的学习规律.

本次修订对原书中例题、习题等做了相应的调整,使教学内容的组织更遵循五年制高职学生的认知特点、心理特征和技能形成规律,概念的引入力求情境化,公式的推导力求简单化,知识的呈现力求直观化.通过降低物理知识的学习难度,引进亲切、易懂、实用的技术活动与专业背景,消除学生头脑中"物理难学""物理对专业没用"的片面观念,形成"物理有用、有趣、就在身边"的正确认识.

5. 图文并茂,符合五年制学生的阅读特点.

运用了大量贴近生活、反映最新技术的图片传递知识信息;精选大量插图(含部分精心绘制的原创插图),形象诠释物理概念,帮助学生感知物理现象,激发学生学习物理的兴趣,有效降低学习的难度,符合五年制学生的阅读特点.

另外,修订了与主教材配套的练习册、教学参考书、电子教案、多媒体课件、PPT演示文稿等,为教师教与学生学提供了比较全面的支持.

本教材第一版由王荣成、李石熙任主编,刘盛烺任副主编,袁望曦任主审,晏世雷、郝超审定。参加历次编写、修订的人员有王荣成、刘盛烺、姚建宁、陈永涛、史静波、赵志芳、傅美欢、卓士创、黎雾、单振法、张必赋、邢江勇、王德华、邵祖德、倪健中、丁振华、丁建华、朱连喜、黄红亚、尤俊伟、吴燕、孟宪辉、王蔚、夏国芳、史文珍、张爱华、成永志.

本次修订由刘盛烺主审,刘爱武任主编,参加编写、修订的人员有艾德臻、孟宪辉、刘建云、王蔚、季晴、陈海青、蔡万祝、谢智娟、陈正新、倪年朋.

由于时间仓促,编者水平有限,书中难免有不当之处,恳请读者提出宝贵意见,以便再次修订时参考.

《物理》编写组

2019 年 5 月

目录

CONTENTS

第1章 光的折射
1.1 光的折射 折射率 …………………………………………（2）
1.2 全反射 光导纤维 …………………………………………（6）
1.3 透镜 透镜成像作图 ………………………………………（12）
1.4 透镜成像公式 ………………………………………………（16）
1.5 常用光学仪器 ………………………………………………（18）
本章知识小结 …………………………………………………（25）
 本章检测题 …………………………………………………（26）

第2章 力
2.1 力 ……………………………………………………………（28）
2.2 重力 …………………………………………………………（30）
2.3 弹力 …………………………………………………………（31）
2.4 摩擦力 ………………………………………………………（34）
2.5 共点力的合成 共点力的平衡 ……………………………（37）
2.6 力的分解 ……………………………………………………（42）
2.7 物体受力分析 ………………………………………………（45）
2.8 力矩 力矩的平衡 …………………………………………（48）
本章知识小结 …………………………………………………（50）
 本章检测题 …………………………………………………（51）

第3章 匀变速运动
3.1 描述运动的一些概念 ………………………………………（54）
3.2 速度 …………………………………………………………（58）
3.3 加速度 ………………………………………………………（61）
3.4 匀变速直线运动的规律 ……………………………………（65）
3.5 自由落体运动 ………………………………………………（69）

3.6　平抛运动 ……………………………………………………………………（73）
本章知识小结 ……………………………………………………………………（76）
本章检测题 ………………………………………………………………………（78）

第4章　牛顿运动定律　动量守恒定律

4.1　牛顿第一定律 ………………………………………………………………（82）
4.2　牛顿第三定律 ………………………………………………………………（84）
4.3　牛顿第二定律 ………………………………………………………………（87）
4.4　牛顿运动定律的应用 ………………………………………………………（93）
4.5　动量　动量定理 ……………………………………………………………（97）
4.6　动量守恒定律　反冲运动 …………………………………………………（100）
本章知识小结 ……………………………………………………………………（104）
本章检测题 ………………………………………………………………………（105）

第5章　功和能

5.1　功 ……………………………………………………………………………（108）
5.2　功率 …………………………………………………………………………（111）
5.3　能　动能　动能定理 ………………………………………………………（114）
5.4　势能 …………………………………………………………………………（121）
5.5　机械能守恒定律 ……………………………………………………………（124）
本章知识小结 ……………………………………………………………………（129）
本章检测题 ………………………………………………………………………（130）

第6章　周期运动

6.1　周期运动的概述 ……………………………………………………………（134）
6.2　匀速圆周运动 ………………………………………………………………（135）
6.3　向心力 ………………………………………………………………………（138）
6.4　万有引力定律 ………………………………………………………………（144）
6.5　空间技术 ……………………………………………………………………（147）
6.6　简谐运动 ……………………………………………………………………（154）
6.7　单摆和单摆的周期 …………………………………………………………（157）
6.8　共振现象 ……………………………………………………………………（159）
本章知识小结 ……………………………………………………………………（161）
本章检测题 ………………………………………………………………………（162）

第7章　物态　物体的内能

7.1　气体的状态参量 ……………………………………………… (165)
7.2　理想气体的状态方程 ………………………………………… (167)
7.3　物体的内能　热力学第一定律 ……………………………… (171)
7.4　晶体　非晶体　液晶 ………………………………………… (175)
7.5　流体的连续性原理 …………………………………………… (179)
7.6　伯努利方程 …………………………………………………… (182)
本章知识小结 ……………………………………………………… (187)
本章检测题 ………………………………………………………… (189)

物理实验

绪论 ………………………………………………………………… (191)
实验1　测规则形状固体的密度 ………………………………… (194)
实验2　测玻璃的折射率 ………………………………………… (198)
实验3　测凸透镜的焦距 ………………………………………… (200)
实验4　验证力的平行四边形定则 ……………………………… (202)
实验5　用气垫导轨测速度和加速度 …………………………… (204)
*实验6　观察加速度与作用力、质量的关系 …………………… (207)
实验7　火箭发射原理探究 ……………………………………… (210)
实验8　验证机械能守恒定律 …………………………………… (212)
实验9　研究单摆振动的周期　测重力加速度 ………………… (213)
实验10　用小型水银气压计验证理想气体状态方程 ………… (215)
实验11　小制作 ………………………………………………… (217)

第1章

光的折射

光(light)是最早引起人们注意的自然现象之一.最初,人们曾将光跟人的视觉混为一谈,把光当成是眼睛发出的触须一样的东西,以为闭上眼睛光就没有了.这种古老的观念至今还保留在文学语言中,如"目光闪烁""两眼放光芒"……随着科学的发展,人们认识到光是由发光体(叫作光源)放出的,它是客观存在于我们主观意识之外的.这一章只研究光的一些传播规律,在第2册书中将会讲述光究竟是什么.

真空、空气、水、玻璃等凡是能透过光的物质都叫作光的介质.真空中光的传播速度 $c \approx 3.0 \times 10^8$ m/s,其他介质中的光速比 c 小.光在同一种均匀介质中沿直线传播.当光从一种介质进入另一种介质时,在介质的分界面会产生反射(reflection)和折射(refraction)现象.

本章依据光的直线传播,以几何知识为基础,数形结合研究光的折射现象,讲述光的折射定律和透镜成像规律;介绍常用的光学仪器和一些新技术;解释自然界中的某些光现象.

1.1 光的折射 折射率

你有没有把饭煮成像粥一样的时候？煮饭之前，要是只凭眼睛估计米上面的水深，如果你不是经常煮饭的话，就会担心水不够，于是加水再加水，米煮熟以后就变为稠粥了．水库里的水非常清，岸附近清澈见底，水似乎不过齐腰深，可是贸然入水却会没过头顶，所谓"潭清疑水浅"．类似的现象还有许多，这都是光发生折射使人产生错觉的结果．

光的折射

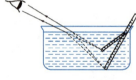

图 1.1 光的折射现象

向空盆里注一些水以后，盆底看起来就比原来浅了．再靠盆边向水里插一根尺子，就看到水面下的尺子被向上折了一些（图 1.1）．其实盆底还是原来那么深，尺子仍然是直的，只是由于水面下物体发出的光线在水面处进入空气时改变了方向——发生了光的折射．光线是在空气与水的界面处发生折射的．而眼睛的视线是直线，因此对折射光线的反向延长线交点处有像的感觉，它是虚像．此虚像比实物的位置高，而且在水平方向上比实物距眼睛近一些．

折射定律

> 介质Ⅰ中角度 α 的下标用"1"表示，介质Ⅱ中角度 α 的下标用"2"表示，是为了使对应关系醒目一些，公式也便于记忆．

实验表明，光从一种介质进入另一种介质时，随着入射角的增大，折射角也相应增大，它们遵从光的折射定律：

（1）折射光线和入射光线与通过入射点的法线在同一平面内，并且折射光线和入射光线分别位于法线两侧．

（2）**入射角的正弦跟折射角的正弦之比为常数**．如果用 n 表示这个比例常数，则

$$\frac{\sin\alpha_1}{\sin\alpha_2}=n.$$

从上式可以看出，当光线逆向从介质Ⅱ 以 α_2 为入射角进入介质Ⅰ 时，其折射角则为 α_1，所以**折射光路是可逆的**．

两种介质相比较，将折射率较小的介质称为**光疏介质**（optically thinner medium），将折射率较大的介质称为**光密介质**（optically denser medium）．上式表明在可逆光路中，光疏介质

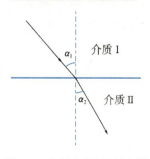

图 1.2 入射光线和折射光线

中光线与法线的夹角较大,光密介质中光线与法线的夹角较小(图 1.2).

公元前,古希腊哲学家亚里士多德就是从类似于图 1.1 的实验中感觉到了折射现象.以后经历了 1 000 多年的时间,直到 1621 年,荷兰数学家斯涅尔终于从大量的实验数据中总结出了折射定律,所以折射定律又叫作斯涅尔定律.

折射率

光从真空折射入其他介质时,虽然入射角的正弦与折射角的正弦之比为一个常数 n,但不同介质的常数 n 是不同的.我们把**光线在真空中的入射角的正弦与某种介质中折射角的正弦之比,叫作这种介质的折射率**(refractive index).折射率 n 的大小反映了光线从真空中射入介质时,介质对光线的偏折程度,其值越大,偏折程度越大.

研究表明,光在不同介质中的速度不同.某种介质的折射率等于光在真空中的传播速度 c 与光在这种介质中的传播速度 v 之比,即

$$n=\frac{c}{v}.$$

显然,真空的折射率为 1,其他介质的折射率大于 1,空气的折射率近似为 1.

表 1.1 列出了一些介质的折射率.

表 1.1　一些介质的折射率

介　　质	折射率	介　　质	折射率
金刚石	2.42	酒精	1.36
玻璃	1.5～1.9	乙醚	1.35
二硫化碳	1.63	水	1.33
水晶	1.54	冰	1.31
甘油	1.47	水蒸气	1.026
萤石	1.43	空气	1.000 3

(注:当光垂直射入界面即入射角为 0°时,不改变原来的方向.)

例 1　假如地球表面不存在大气层,人们观察到的日出时刻将比实际存在大气层的情况提前还是延后?

分析与解答　假如地球表面没有大气层,太阳光将沿直线传播,如图 1.3 所示,在地球上 B 点的人将在太阳到达 A' 点时看到日出;而当地球表面存在大气层时,由于

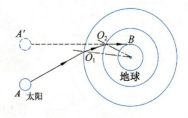

图 1.3　例 1 图

空气的折射率大于 1,并且离地球表面越近,大气层的密度越大,太阳光将沿图中 AB 曲线进入在 B 处的人的眼中,使在 B 处的人看到了日出. 但在 B 处的人认为光是沿直线传播的,以为太阳此时在地平线上的 A' 处,实际上此时太阳还在地平线下 A 点处,相当于大气层的折射让人提前看到了日出. 没有大气层时,人们看到日出的时刻将延后.

例 2 已知玻璃的折射率为 1.55,水的折射率为 1.33,求光在两种介质中的传播速度.

分析与解答 由介质的折射率公式 $n=\dfrac{c}{v}$,有

$$v_\text{玻}=\dfrac{c}{n_\text{玻}}=\dfrac{3\times10^8}{1.55}\text{ m/s}\approx1.94\times10^8\text{ m/s}.$$

$$v_\text{水}=\dfrac{c}{n_\text{水}}=\dfrac{3\times10^8}{1.33}\text{ m/s}\approx2.26\times10^8\text{ m/s}.$$

可见,光密介质中光的传播速度比光疏介质中光的传播速度小.

平行透明板

两个表面是相互平行平面的透明体叫作**平行透明板**. 平板玻璃、玻璃砖等都是平行透明板. 光穿过平行透明板(如玻璃砖)的光路如图 1.4 所示,光线发生了侧移,证明如下:

根据折射定律,在 AB 界面上,有

$$n=\dfrac{\sin\alpha_1}{\sin\alpha_2}.$$

由于光路是可逆的,在 $A'B'$ 界面上,有

$$n=\dfrac{\sin\alpha_1'}{\sin\alpha_2'}.$$

因为 $AB\parallel A'B'$,$\alpha_2=\alpha_2'$,所以

$$\sin\alpha_1=\sin\alpha_1',\ \alpha_1=\alpha_1',$$

即光线 $MO\parallel O'N$.

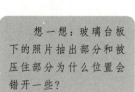

图 1.4 光穿过平行透明板的光路

可见光通过两面平行的透明板后,方向并不改变,只是发生了侧向偏移. 透明板越厚,入射角越大,侧向偏移就越大.

若光线垂直入射,因为不改变原来的方向,则不发生侧向偏移.

> 想一想:玻璃台板下的照片抽出部分和被压住部分为什么位置会错开一些?

三棱镜

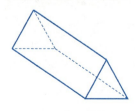

图 1.5 三棱镜

横截面是三角形的透明三棱柱叫作**三棱镜**(图 1.5),简称棱镜.

如图 1.6 所示为三棱镜的主截面. AB、AC 为光线进出的

两个折射面,BC 为棱镜的底面,∠A 为顶角. 玻璃三棱镜跟周围空气相比较,它是光密介质. 从光路图可见,光线经过光密介质三棱镜后向底面偏折. 入射光线 SO_1 和折射光线 O_2S' 的延长线的夹角 δ 叫作**偏向角**. 偏向角表示光线通过棱镜后的偏折程度. 如果把图 1.6 的玻璃三棱镜换成金刚石三棱镜,根据折射定律可知,由于金刚石比玻璃的折射率大,其偏向角变大.

> 垂直于棱的截面叫作主截面.

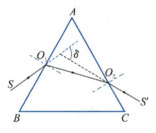

图 1.6 玻璃三棱镜

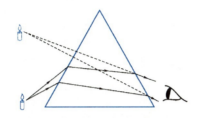

图 1.7 隔着玻璃三棱镜看到物体正立的虚像

如图 1.7 所示,隔着玻璃三棱镜看物体时,看到的是物体正立的虚像,虚像的位置向顶角方向偏移.

测水的折射率

在广口瓶内盛满水,照图 1.8 那样把直尺 AB 紧挨着广口瓶瓶口的 C 点竖直插入瓶内. 这时,在直尺对面的 P 点观察水面,能同时看到直尺在水中的部分和露出水面的部分在水中的像. 读出你看到的直尺下半部分最低点的刻度 S_1 以及跟这个刻度相重合的水上部分的刻度 S_2 的像 S_2'. 量出广口瓶瓶口的内径 d,就能算出水的折射率. 应该怎样算? 做这个小实验,看一看你求出的水的折射率有多大.

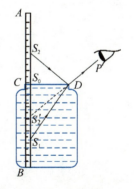

图 1.8 测水的折射率实验

思考与练习

1. 水的折射率是指光从_____射入_____时,入射角的正弦与折射角的正弦之比. 已知水的折射率为 1.33,真空中的光速为 c,则水中的光速等于_____.

2. 玻璃的折射率为 1.5,水的折射率为 1.33,玻璃中的光速跟水中的光速相比较,_____中的光速较大.

3. 如图 1.9 所示为光由空气射入某种介质时的折射情况,试由图中所给的数据,求出这种介质的折射率和这种介质中的光速.

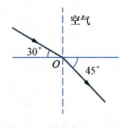

图 1.9 思考与练习 3 图

4. 光从空气射入某介质,入射角为 60°,此时反射光线恰好与折射光线垂直.求此介质的折射率,并画出光路图.

5. 光穿过平行透明板后,发生了什么现象?人们隔着窗玻璃看物体,并没有什么明显的意外的感觉,这是为什么?

6. 玻璃内有一空气三棱镜(图 1.10),试画出折射光路.

图 1.10　思考与练习 6 图　　　图 1.11　思考与练习 7 图

7. 如图 1.11 所示的"魔柜"是在演员肩颈以上的门框部位安装了一面厚玻璃块,它能产生使演员"身首错位"的视觉效果,为什么?

1.2　全反射　光导纤维

"坐井观天"是个有历史典故的成语,这个贬义成语常被用来形容某人阅历狭窄,跟它相仿的成语还有"井底之蛙".如图 1.12 所示为空桶底的青蛙,它的视野被桶口所限,有看不到的死角.而当桶中注满水之后放进一条鱼,鱼儿虽然躲在水下,却能对水面上的世界一览无余(图 1.13).与此类似,水面下的潜水员亦能将水面上的世界尽收眼底.这是什么道理呢?

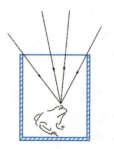
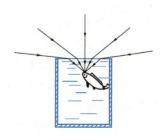

图 1.12　空桶底的青蛙　　　图 1.13　水桶中的鱼

全反射

根据折射定律,光从光密介质射入光疏介质时,折射角大于入射角.

若一束光线沿半圆柱形玻璃砖的半径方向斜射入空气,当入射角逐渐增大时,折射角也随之增大,且可观察到反射光线逐渐增强,折射光线逐渐减弱;当入射角增大到某一角度 C 时,折射角等于 $90°$,折射光线消失,光线全部被反射入玻璃砖中,再增大入射角,仍然是光线被全部反射入玻璃砖中,如图 1.14 所示.

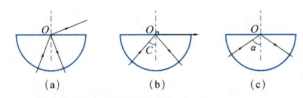

图 1.14 光发生全反射

当入射角增大到某一角度,使折射角达到 $90°$ 时,折射光完全消失,只剩下反射光,这种现象称为**全反射**.折射角等于 $90°$ 时的入射角 C,称为**临界角**(critical angle).

实验表明,发生全反射现象必须满足两个条件:

(1) **光从光密介质射向光疏介质**;
(2) **入射角等于或大于临界角**.

临界角的计算

当光线由折射率为 n 的某种介质斜射向空气(或真空)时,由于光路是可逆的,因此根据折射定律,可求出发生全反射的临界角 C.

$$\frac{\sin 90°}{\sin C} = n.$$

真空(或空气)的折射率为 1,相对于其他介质总是光疏介质.当光从折射率为 n 的介质进入真空或空气时,有

$$\sin C = \frac{1}{n}.$$

上式表明,在其他介质与真空或空气的界面上,折射率越大的介质,其临界角越小,越容易发生全反射.

表 1.2 列出了几种物质对真空或空气的临界角.

> 因为水的临界角为 $48.6°$,所以图 1.13 中的鱼从水中看世界时,水面上 $180°$ 范围内的射入水中的光线,全部集中在 $97.2°$ 的视野内.

表 1.2　几种物质对真空或空气的临界角

物　质	金刚石	玻　璃	甘　油	酒　精	水
临界角	24.4°	30°～42°	42.9°	47.3°	48.6°
折射率	2.42	1.9～1.5	1.47	1.36	1.33

在自然界中,经常可以看到光的全反射现象.在清晨阳光的照耀下,草叶上的露珠显得很明亮;玻璃中如果有气泡,气泡看起来很亮;把盛水的玻璃杯举高,透过杯壁能观察到水面光灿似银,这些都是光在介质与空气的界面上发生全反射的结果(图 1.15).

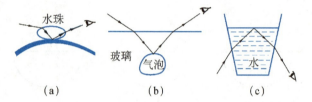

图 1.15　光在介质与空气的界面上发生全反射

全反射的应用

1. 全反射棱镜

横截面是等腰直角三角形的棱镜叫作全反射棱镜. 如图 1.16(a)所示,当光线从玻璃射向空气的入射角为 45°时,入射角大于玻璃对空气的临界角,光线在玻璃与空气的界面上发生全反射,棱镜使光束方向改变了 90°.利用图中的两个全反射棱镜就制成了潜望镜.

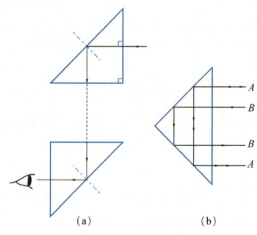

图 1.16　全反射棱镜

利用全反射棱镜,可以改变光的传播方向[图 1.16(b)],使入射光沿着原来的方向反射回去,棱镜使光束方向改变了

180°. 望远镜要获得较大的放大倍数，镜筒就必须较长，但这会带来制造与使用的不便，为此，在设计中就使用两块这种棱镜来缩短镜筒长度。

全反射棱镜具有平面镜的反射作用，但是它比玻璃平面镜的光学性能好。因为入射光必须进入玻璃平面镜的玻璃层，才能在镀膜上反射。而玻璃对入射光有折射作用，这会使设计的光路产生误差。而且平面镜的镀膜日久还会脱落，所以光学仪器中，常用全反射棱镜代替平面镜。

2. 角反射器

角反射器是由三个互相垂直的反射平面组成的反射器。根据理论分析，射入角反射器的光线，不论其方向如何，都会沿入射方向的反方向被反射出去。

角反射器的反射面可以是平面镜，也可以是两种介质的界面。例如，塑料立方体、玻璃立方体，它们跟空气的界面就是角反射器的垂直反射平面。

角反射器是激光测距的主要器具，只要激光射中它，反射光就能返回原处。1969年7月美国"阿波罗11号"宇宙飞船首次登上月球，在月球表面上放置了一个由100块石英直角棱镜排列而成的边长为18英寸的方阵角反射器组，利用其发生全反射的性质进行科学研究和测量。后来在地球上用激光测得地球和月球之间的精确距离为353 911 215 m。

角反射器被广泛应用于各种车辆的尾部。车尾反射器的外表面平整，背面是整齐排列的凸起的立方体角，每个立方体角就是一个角反射器。在夜间，汽车灯光照在汽车或自行车尾部的角反射器上，不论入射方向如何，都会按原方向的反方向被反射回去。红色、橘黄色的角反射器犹如发光的红灯和黄灯，提醒司机保持车距。

光导纤维（光纤）

全反射现象的一个非常重要的应用就是用光导纤维来传光、传像。为了说明光导纤维对光的传导作用，我们来做下面的实验。按照图1.17那样，在不透光的暗盒里安装一个电灯泡作光源，把一根弯曲的细玻璃棒（或有机玻璃棒）插进盒子里，让棒的一端面向灯光，玻璃棒的下端就有明亮的光传出来。这是因为从玻璃棒的上端射进棒内的光线，在棒的内壁多次发生全反射，沿着锯齿形路线由棒的下端传了出来，玻璃棒就像一个能传光的管子一样。光纤玩具"满天星"就是根据这个实验原理制成的，在一个小手电筒的发光端，集中了数百根长短不一的塑料丝。

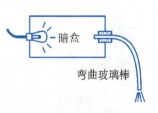

图1.17 使用弯曲细玻璃棒传光

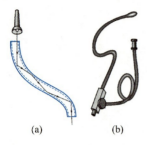

图 1.18 光导纤维和内窥镜

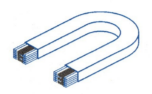

图 1.19 细光纤紧密有序排列

实用的光导纤维是一种比头发丝还细的直径只有几微米到 100 微米的能导光的纤维.它由芯线和包层组成,芯线折射率比包层的折射率大得多.当光的入射角大于临界角时,光在芯线和包层界面上不断发生全反射,从一端传输到另一端[图 1.18(a)].光纤的主要参量是直径、损耗、色散等,材料可以是玻璃、石英、塑料、液芯等.实际使用的光纤,在包层的外面还有一层缓冲涂覆层,用以保护光纤,免受环境污染和机械损伤.

光纤的传像功能是由数万根细光纤紧密有序排列在一起完成的,如图 1.19 所示.输入端的图像被分解成许多像元,经光纤传输后在输出端再集成,形成传输的图像.

在医学上利用光纤制成各种内窥镜[图 1.18(b)],把探头送到人的食管、胃或十二指肠中去,通过传输光束来照明器官内壁,检查人体内部的疾病.实际的内窥镜装有两组光纤:一组用来把光传输到人体内部用于照明;另一组用来观察.利用石英光纤传输激光束,产生高温,可为消化道止血;在心脏外科手术中光纤导管插入动脉,用激光对血管阻塞物加热使其汽化,可治疗冠状动脉疾病等.

工业上的光纤内窥镜可用来观察机器内部,特别是在各种高温高压、易燃易爆、强辐射环境下获得各种信息;利用光纤对光的强度、相位、偏振等的敏感性制成各种光纤传感器来检测电压、电流、温度、流量、压力、浓度、黏度等物理量.

图 1.20 光缆断面照片

光纤通信是光纤应用的重要领域,目前已能在一根光纤上传输几万路电话或几十路电视.一根直径 8 mm 的光缆可集成 4 000 根光纤,其通信容量远大于电缆.光纤通信具有容量大、衰减小、抗干扰能力强等优点,在世界各国得到迅速推广.如图 1.20 所示是光缆断面照片.

使用阳光采集器,将阳光聚焦后经过光纤可以输送到各种需要的场所,如地下室、隧道、矿井、室内养殖和栽培等许多需要照明的地方,它是既安全又经济的能源.

做一做　　光纤玩具"满天星"

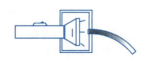

图 1.21 光纤玩具"满天星"

在硬纸板上贴上黑纸,做成一个圆柱形暗盒,使之恰能罩住手电筒的前端.暗盒前端钻一孔,孔的大小适当.取钓鱼用的尼龙线(或其他较硬的塑料线)剪成约 15 cm 长,将 20 根左右这样的线端排齐扎紧,并插入孔中,如图 1.21 所示.打开手电筒,从弯曲的尼龙线的下端可看到明亮的光.

阅读材料

保护光缆

陆地上的光缆通常埋设在地下 1 m 左右深处,在地面上沿线有"下有光缆"标志.在靠近海岸的地方,光缆埋设在光缆沟里,离海岸远的地方直接置于深水底部.光纤在现代通信中发挥着重要作用,但由于人为的因素,光缆被野蛮施工挖断、被盗窃分子偷割的现象时有发生,导致局部地区甚至较大范围的通信中断,造成重大损失.光缆是由玻璃光纤、聚乙烯骨架、聚乙烯护套等材料构成的,内部没有铜、铝等金属,若回收,无任何再利用价值.光缆线路是重要的国家基础设施,保护光缆,人人有责,我们一定要注意保护身边的光缆.

1. 什么是全反射现象?发生全反射的条件是什么?

2. 我们知道,光在同一均匀介质中是沿直线传播的,可是光却能沿着光导纤维弯曲的芯线传播,这跟光的直线传播矛盾吗?

3. 已知光由某种玻璃射向空气时的临界角为 30°,求此种玻璃的折射率.

4. 光以 45° 入射角从空气射入某种介质时,折射角为 30°,这种介质的折射率是多少?光在这种介质中的传播速度是多少?当光从该介质射向空气时,临界角是多大?

5. 广场上喷泉的蓄水池的水面下常常每隔一段距离有一个彩色灯泡.人们从水面看到各色彩灯所照亮的水面是相互隔开的一个个圆面,而不是各色相互覆盖的一片明亮区域,这是为什么?

1.3 透镜 透镜成像作图

公元 3 世纪,我国晋代《博物志》记有:"削冰令圆,举以向日,以艾于后承其影,则得火."在玻璃尚未问世的年代,我们的祖先已经知道用冰做成凸透镜来会聚阳光以艾草取火了. 从古至今,透镜一直有着广泛的应用,就连当代高科技的光纤通信设备也离不开透镜. 为了把一路光信号传输进极细的光导纤维中,必须要用凸透镜使光线会聚才行."哈勃"太空望远镜最重要的部件就是透镜.

透 镜

两面都磨成球面,或一面是球面,另一面是平面的透明体叫作**球面透镜**,简称**透镜**;中央比边缘厚的叫作**凸透镜**(convex lens);中央比边缘薄的叫作**凹透镜**(concave lens). 透镜一般用玻璃制成. 图 1.22 是几种透镜的截面图和符号.

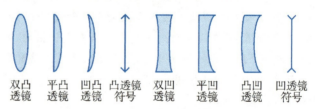

图 1.22 几种透镜的截面图和符号

透镜是利用光的折射性质制成的光学器件. 透镜可以设想成是许多三棱镜的组合,如图 1.23 所示. 因为三棱镜要使光线向它的底边偏折,所以**凸透镜**会使光线偏向中央,起会聚作用,也叫**会聚透镜**;**凹透镜**会使光线偏向边缘,起发散作用,也叫**发散透镜**.

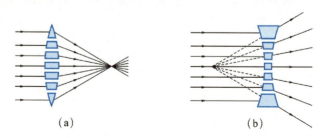

图 1.23 设想透镜由许多三棱镜组合而成

透镜的中央部分相当于透明平行板.如果透镜的厚度比它的球面半径小得多,透镜中央的平行板厚度可以忽略不计,叫作**薄透镜**.射向薄透镜中央的光线不产生折射,也不发生侧向平移,它沿直线穿过透镜.

本章研究的是薄透镜.

透镜的光轴、光心、焦点、焦距

通过透镜两球面球心 C_1、C_2 的直线叫作透镜的主光轴.主光轴与透镜两球面的交点,对薄透镜而言可以看成重合在一起,即为 O 点,叫作**光心**[图 1.24(a)].凡是通过光心 O 点的光线相当于通过很薄的两面平行的透明板,不改变原来的方向.通过光心的直线都叫作透镜的**光轴**,除主光轴外,其他的光轴叫作**副光轴**.

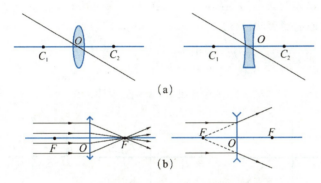

图 1.24 透镜的光轴、光心、焦点和焦距

平行于主光轴的光线,经凸透镜后会聚于主光轴上的一点,这个点叫作焦点(focus),用 F 表示.因为这是光线的实际会聚点,所以又叫作**实焦点**.平行于主光轴的光线经凹透镜后被发散,发散光线的反向延长线也交在主光轴上的一点,这个点也叫作焦点.因为不是光线的实际会聚点,所以又叫作**虚焦点**.透镜两侧各有一个焦点,焦点对于光心是对称的[图 1.24(b)].

透镜的焦点与光心的距离叫作焦距(focal distance),用 f 表示.

在其他条件相同时,凸透镜球面越凸,焦距就越短,对光线的会聚作用就越强;凸透镜的折射率越大,焦距也越短,会聚作用也越强.焦距的长短反映了透镜偏折光线本领的大小.通常用透镜焦距的倒数表示透镜偏折本领的大小,也称为焦度,用符号 Φ 表示,即 $\Phi = \dfrac{1}{f}$,焦度的单位是屈光度.如果透镜的焦距是 1 m,它的焦度就是 1 屈光度,即

$$1 \text{ 屈光度} = \frac{1}{1 \text{ m}} = 1 \text{ m}^{-1}.$$

凸透镜的焦度是正值,凹透镜的焦度则是负值.通常所说的眼镜的度数等于屈光度的 100 倍,即 100 度的眼镜,其焦度为 1 屈光度.

透镜成像作图法

透镜主要用于成像(imagery).一个发光点向透镜发出的无数条光线,经过透镜折射后的会聚点就是发光点的像.用几何作图法求发光点的像,当发光点不在主光轴上时,利用下列三条光线中的任意两条即可(图 1.25):

(1) 跟主光轴平行的光线,折射后经过焦点.
(2) 经过焦点的光线,折射后跟主光轴平行.
(3) 经过光心的光线,通过透镜后方向不变(这是副光轴).

物体到光心的距离叫作物距(object distance),用 p 表示;**像到光心的距离叫作像距**(image distance),用 p' 表示.

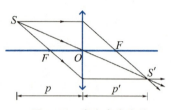

图 1.25 发光点发出的光线经透镜成像

凸透镜成像作图规律

图 1.26 总结了凸透镜成像的作图规律.

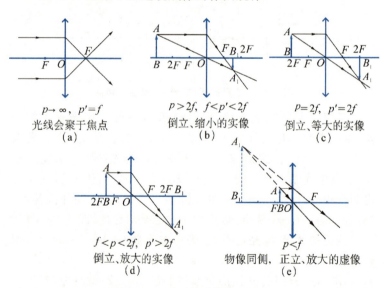

$p \to \infty$,$p' = f$
光线会聚于焦点
(a)

$p > 2f$,$f < p' < 2f$
倒立、缩小的实像
(b)

$p = 2f$,$p' = 2f$
倒立、等大的实像
(c)

$f < p < 2f$,$p' > 2f$
倒立、放大的实像
(d)

$p < f$
物像同侧,正立、放大的虚像
(e)

图 1.26 凸透镜成像作图规律

观察与思考 凸透镜下阳光的会聚

把一块凸透镜正对着阳光,在凸透镜下方放一张白纸,移动凸透镜使阳光在白纸上会聚时,你将观察到无论怎样移动凸透镜,总不能消除聚焦的亮点周围镶着的环状色光.根据你初中学过玻璃三棱镜使白光色散的知识,再结合图 1.23,想一想其中的道理.透镜使入射光产生色散的现象,会使照相底片成像不清晰(这叫作色差).

思考与练习

1. 下列各图中 AB 表示实物,A'B' 表示透镜使实物生成的像,完成光路图(图 1.27).

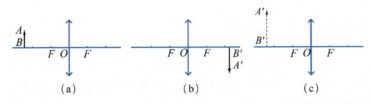

图 1.27　思考与练习 1 图

2. 图 1.28 中的横线表示透镜主光轴,S 是点光源,S' 是它的像.试用作图法确定各图中的透镜类型,并画出透镜和焦点的位置.

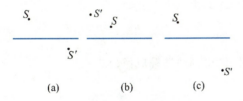

图 1.28　思考与练习 2 图

3. 如图 1.29 所示,两个凸透镜的焦点重合,试画出平行光入射经过两个凸透镜时的光路.

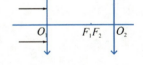

图 1.29　思考与练习 3 图

4. 某人想挑选一块焦距在 10～20 cm 之间的凸透镜.他利用光具座对三块凸透镜甲、乙、丙进行测试,测试时各透镜和烛焰均保持 20 cm 不变,然后移动光屏,观察烛焰的成像情况.实验结果如下表所示,则甲、乙、丙哪块凸透镜是他所需要的?

凸透镜	像的性质		
甲	倒立	缩小	实像
乙	无　实　像		
丙	倒立	放大	实像

1.4 透镜成像公式

在 1.3 节中用作图的方法虽能求得透镜所成的像,但是从图中量出的数据总有误差.这一节将要运用几何知识求得 p、f、p' 之间的函数关系.

透镜成像公式

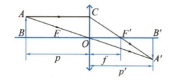

图 1.30 凸透镜成像

我们以凸透镜为例来推导出透镜成像公式.在图 1.30 中,从 △COF' 与 △$A'B'F'$、△OAB 与 △$OA'B'$ 的相似关系中,不难验证如下关系:

$$\frac{CO}{A'B'} = \frac{OF'}{B'F'} = \frac{f}{p'-f},$$

$$\frac{AB}{A'B'} = \frac{BO}{B'O} = \frac{p}{p'}.$$

而 $CO=AB$,由以上两式,可得

$$\frac{f}{p'-f} = \frac{p}{p'}.$$

整理后,便得到凸透镜成像公式:

$$\frac{1}{p} + \frac{1}{p'} = \frac{1}{f}.$$

知道 p、p'、f 三者中的两个,即可求出第三个.

可以证明,凸透镜成虚像和凹透镜成像时,公式形式仍可写为 $\frac{1}{p} + \frac{1}{p'} = \frac{1}{f}$.运用透镜成像的普遍公式时,要遵从"实正虚负"的符号规则,如表 1.3 所示.

表 1.3 透镜成像 p、p'、f 的符号规律			
	p	f	p'
凸透镜	实物的物距为正	实焦距为正	实像为正
			虚像为负
凹透镜	实物的物距为正	虚焦距为负	虚像为负

使用公式时 p、p'、f 的单位要统一.

像的放大率

如图1.30所示,像的长度 $A'B'$ 跟物体的长度 AB 之比叫作像的放大率,用 k 表示. 图中 $\triangle OAB \backsim \triangle OA'B'$,则

$$k = \frac{A'B'}{AB} = \frac{|p'|}{p}.$$

像的放大率实际上指的是长度放大率,取正值.

例3 一物体放在距凸透镜 8 cm 处,成的像距透镜 24 cm,求透镜的焦距. 若物高 2 cm,求像高.

分析与解答 像距离透镜 24 cm 处,有物像同侧和物像分居透镜两侧两种可能性.

(1) 若物像居透镜同侧,像距为负. 根据透镜成像公式

$$\frac{1}{p} + \frac{1}{p'} = \frac{1}{f},$$

得

$$\frac{1}{8} - \frac{1}{24} = \frac{1}{f},$$

$$f = 12 \text{ cm}.$$

成正立、放大的虚像,见图 1.26(e) 所示的光路.

(2) 若物像分居透镜两侧,像距为正. 根据透镜成像公式

$$\frac{1}{p} + \frac{1}{p'} = \frac{1}{f},$$

得

$$\frac{1}{8} + \frac{1}{24} = \frac{1}{f},$$

$$f = 6 \text{ cm}.$$

成倒立、放大的实像,见图 1.26(d) 所示的光路.

(3) 已知物高 2 cm,不论虚像还是实像,都可由放大率公式求得像高.

$$k = \frac{A'B'}{AB} = \frac{|p'|}{p},$$

$$A'B' = \frac{|p'|}{p} \times AB = \frac{24}{8} \times 2 \text{ cm} = 6 \text{ cm}.$$

思考与练习

1. 一架照相机镜头的焦距为 7.5 cm,照相底片与镜头的距离不得小于多少厘米?

2. 凸透镜的焦距为 10 cm,物体到透镜的距离为 12 cm,光屏应当放在离透镜多远处,才能得到清晰的像?像是放大还是缩小?

3. 凸透镜的焦距为 8 cm,光线经透镜成实像,像距为 40 cm.求物距和放大倍数.

4. 一建筑物在照片上的高度为 5 cm,照相机到建筑物的距离为 50 m,镜头焦距为 0.2 m.试估算该建筑物的高度.(提示:$p \gg 2f$ 时像距近似等于焦距)

5. 有一种相机焦距很小,一般为 35 mm.机内的感光胶片位于镜头焦点以外且距焦点很近的地方,镜头跟胶片的距离保持不变(不需要调节).设想用一台这样的照相机分别拍摄相距 3.50 m 和 7.00 m 处的景物,则所成像的像距各为多少?由计算结果你可以体会到,为什么用这种相机拍摄 2 m 以外的景物时不用调焦,其清晰度也相差不大.

1.5 常用光学仪器

图 1.31 马路两旁的树

眼前一条马路和路两旁的树,在视觉中由近及远,路越来越窄,树则越来越矮小(图 1.31).一样大的物体,看起来有大有小."一叶障目,不见泰山."是说遮在眼前的一片树叶看起来比泰山还要高大.在视觉中,小的东西看起来未必小,大的东西看起来也未必大.这些都是什么道理呢?

眼睛 眼镜

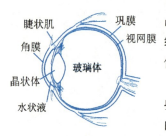

图 1.32 人眼的主要结构

人眼的主要结构如图 1.32 所示.人眼睛内角膜、水状液、晶状体和玻璃体的共同作用相当于一个凸透镜.物体射出的光线经这个凸透镜折射后,在视网膜上形成一个倒立、缩小的实像,视网膜上的感光细胞感光后,经视神经传送给大脑.

近视眼是视网膜距晶状体过远或晶状体比正常眼睛凸一些,这就使得物体成像于视网膜之前[图 1.33(a)].矫正近视眼的方法是选用适当的凹透镜做眼镜[图 1.33(b)].

远视眼是视网膜距晶状体过近或晶状体比正常眼睛扁平一些,致使物体成像于视网膜之后[图 1.34(a)].

矫正远视眼的方法是选用适当的凸透镜做眼镜

[图1.34(b)].

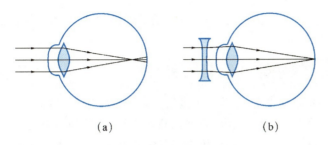

图 1.33　近视眼及其矫正方法

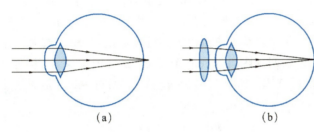

图 1.34　远视眼及其矫正方法

　　从晶状体的光心向物体两端所引的直线(视线)的夹角 φ 叫作视角(visual angle).视角大小决定了视网膜上成像的大小.视角不仅跟物体的大小有关,还跟观察的距离有关(图 1.35).由于同一物体所形成的视角近大远小,这就使得视网膜上的像(视觉)随之近大远小.

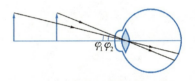

图 1.35　视角与观察的距离有关

　　正常眼睛(包括已矫正视力的眼睛)在合适的照明条件下观察离眼睛 25 cm 的物体或物体的像,不容易感到疲劳,因此把 25 cm 叫作**明视距离**,用 d 表示.实验表明,在明视距离处的物体如果使视角小于 $1'$(或物体长度小于 0.1 mm),人眼就不能分辨它.我们使用光学仪器助视的目的,就是为了既增大视角又保证明视距离.

> 随便把凸透镜叫作放大镜,这是一种误解.只有当凸透镜在明视距离处生成放大虚像时,它才能被叫作助视放大镜.

放大镜

　　将军指挥作战查看军用地图时,由于图密字小,难以分辨,就要把眼睛贴近地图以增大视角,可是这样就小于明视距离了.为了既增大视角又保证明视距离,就在眼睛和物体之间放一块凸透镜,把物体 AB 放在焦点以内靠近焦点的地方,使它在距透镜为明视距离的地方生成一个正立、放大的虚像 A_1B_1(图 1.36),这样就满足了要求.

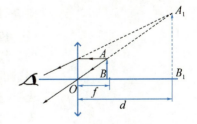

图 1.36　物体经凸透镜成正立、放大的虚像

　　放大镜的放大倍数就是明视距离 d 跟焦距 f 之比:

$$k=\frac{d}{f}.$$

通常使用焦距为 $1\sim10~\text{cm}$ 的凸透镜做放大镜,放大倍数为 $2.5\sim25$ 倍.

显微镜

光学显微镜由两组透镜组成,每组相当于一个凸透镜.一组为物镜,一组为目镜.目镜的焦距很短,物镜的焦距更短.

物体 AB 放在物镜焦点以外靠近焦点处,光线经物镜后成一个倒立、放大的实像 A_1B_1,眼睛对 A_1B_1 的视角大于对 AB 的视角,所以物镜起增大视角的作用.调节目镜与物镜的距离,使 A_1B_1 位于目镜的焦点以内靠近焦点处,目镜起放大镜作用,则 A_1B_1 在明视距离处成一个正立、放大的虚像 A_2B_2,引起视觉的就是 A_2B_2,如图 1.37 所示(A_2B_2 相对于 AB 是倒立的).

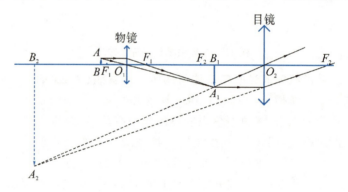

图 1.37 显微镜光路图

光学显微镜最多能放大 2 000 倍左右,可以观察到细胞的结构.

开普勒望远镜

开普勒望远镜又叫天文望远镜,它由两组凸透镜组成(物镜组和目镜组),焦距 $f_物 \gg f_目$,物镜的后焦点与目镜的前焦点重合,即 $f_物 + f_目 =$ 镜筒长.

望远镜与被观察物体相距很远,物体上各点发射到物镜上的光线几乎是平行的,经物镜会聚后,在物镜焦点 F_1 外离焦点很近的地方成一倒立、缩小的实像 A_1B_1. A_1B_1 虽比 AB 小,但 A_1B_1 距眼睛近了,眼睛对 A_1B_1 的视角要比眼睛对 AB 的视角大,所以物镜起增大视角的作用. A_1B_1 在目镜前焦点之内,目镜就是放大镜, A_1B_1 在明视距离处生成正立、放大的虚像 A_2B_2 (图 1.38),引起视觉的就是 A_2B_2.

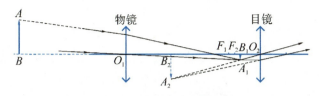

图 1.38　开普勒望远镜光路图

开普勒望远镜所成的像对物体来讲是倒立的,若在开普勒望远镜筒里装一组改变光线方向的倒转棱镜,那么看到的就是物体正立的虚像,同时还能缩短镜筒的长度.

大孔径螺纹透镜

投影仪的大孔径聚光镜、舞台或汽车等照明灯前的聚光镜都需要大孔径透镜.透镜越大,厚度就越大,物重也大,使用起来不方便.一种一面为平面、另一面为锯齿形的环形螺纹透镜,可以作为物重小的大孔径透镜,如图1.39所示(剖面图).

螺纹透镜每个球面锯齿,就如同平凸透镜折射球面的一部分,对光有会聚作用.

图 1.39　环形螺纹透镜剖面图

阅读材料

生活中的光学

隐形眼镜

隐形眼镜又称角膜接触镜,是一种嵌戴在眼内的微型眼镜片,能矫正近视、远视和散光.

隐形眼镜片的内表面的曲率半径应与人眼的角膜曲率半径相吻合,外表面的曲率半径由配戴者根据矫正的视力度数而定.镜片分为硬片和软片,硬性镜片价格低,寿命长;软性镜片亲水性和透气性好.

隐形眼镜片和角膜与两者之间的液体组合在一起,组成光学系统(图1.40).眨眼时泪液可在眼睛与镜片之间起清洗和润滑作用.

嵌戴隐形眼镜要注意用眼卫生.长时间阅读、书写和操作计算机的人不宜嵌戴;经常接触强酸、强碱或有毒气体的人应禁止嵌戴;结膜和角膜发炎时应暂停嵌戴.

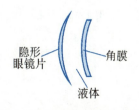

图 1.40　隐形眼镜片和角膜

超薄眼镜

度数越大的近视眼镜片焦距越短,如果用一般的光学玻璃制造,就必须研磨出较大的曲率,这样的镜片边缘较厚重.超薄镜片比一般镜片玻璃的折射率大,因此镜片研磨的曲率可以小些,镜片边缘也就不厚了.

散光的矫正

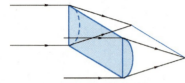

图 1.41 加柱面透镜后的光路图

我们先做个比喻,近视眼就好比正常眼睛前面"附加"了一块凸透镜,结果使平行光的会聚点落在视网膜之前.矫正的方法,就是给近视眼配戴一个跟"附加"凸透镜性质相反的凹透镜.与此类似,散光眼睛就好比正常眼睛前面"附加"了一块柱面透镜.如图 1.41 所示,柱面镜只会聚向着柱面圆弧射来的平行光,而不会聚沿母线(圆柱表面的直线)垂直方向射来的平行光.所以柱面镜不能像球面镜那样使平行光会聚成一点,而是会聚成一条平行于母线的直线——散光.

矫正散光眼睛的方法,就是配戴跟"附加"柱面镜相反性质的柱面镜.

对于既有近视又有散光的眼睛,就要配制复光镜片.镜片的内侧面磨成凹的球面镜(近视镜),镜片的外侧面磨成柱面镜(散光镜).

钻石与玻璃

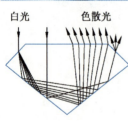

图 1.42 钻石

由金刚石雕琢成的钻石有若干个棱面,顶面呈八角形,其余为三角形或菱形,下部呈倒锥状,其折射率为 2.42,与空气界面发生全反射的临界角为 24.4°.由于金刚石的折射率很大,白光进入金刚石后色散强烈,各种色光分别射向不同方向,在钻石与空气的界面上多次发生全反射后从表面折射出来,人们看钻石时,好像眼睛直接面对光源一样,钻石显得五光十色且特别晶莹灿烂(图 1.42).而外形像钻石的玻璃,由于它的折射率比金刚石小,不仅色散本领比金刚石差,而且由于临界角比金刚石大,其全反射的光也没有金刚石那么强.有经验的人用肉眼就能把用玻璃冒充的假钻石识别出来.

自然界中的光学现象

彩虹

雨中或雨后,空气中大量悬浮的小水滴像一个个小透镜.彩虹是阳光经小水滴两次折射和一次反射后产生的色散现象,如图 1.43 所示.只有当大气层里有较多直径在 1 mm 左右的小水滴时,才会出现彩虹,而当太阳和人在适当的位置上时,人们才能看见彩虹.

夏天雷阵雨多,且雨的范围小,经常出现雨后出太阳或东边日出西边雨的情景,人们容易看到彩虹.

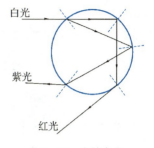

图 1.43 光的色散

星星闪烁

宇宙浩渺,星体发出的光穿越地球大气层后,才能到达地面.地球大气层的密度随着时间和空间不断变化,大气中各层的折射率是不同的,经过多次折射的星光方向不断改变,给人以闪烁的感觉.

另外,我们观察到的星体位置,比它的实际位置要高些,如图 1.44 所示.这是因为越靠近地球表面的大气密度越大,折射率也越大.假设把大气层分成若干折射率不断增大的气层,遥远星体发出的光穿越大气层时,不断地由光疏介质进入光密介质,折射光线就不断向法线靠拢,而观察者以为光线是沿直线方向射来的,从而造成观察误差.这种误差叫作**蒙气差**.

当早晨的太阳刚刚从地平线上升起来的时候,霞光万道,大地充满了生机,而太阳的实际位置还在地平线的下方.

天体位置越接近地平线时蒙气差越大,这是天文观察中必须要考虑的问题.

图 1.44 人眼观察到的星体位置比实际位置高

海市蜃楼

夏日海面附近空气温度低而密度大,上层空气温度高而密度小,若将空气按密度变化自下而上水平分为若干层(图 1.45),地面物体向上发射的光线在两层气体的界面上总是由光密介质射向光疏介质,每层的入射角 $\alpha_1 < \alpha_2 < \alpha_3 < \cdots < \alpha_n$.当某一层入射角大于临界角时,光线被全反射,接着光线自上而下由光疏介质射向光密介质,向下折射.实际上空气密度变化可看作是连续的,光路应为连续曲线,按光线沿直线传播的视觉,在图 1.45 中的 N 点观察者认为光线是从上空正立的虚像发出的,被称为上现蜃景,如海市蜃楼(图 1.46).

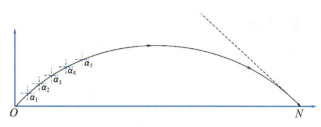

图 1.45　出现蜃景的原理示意图 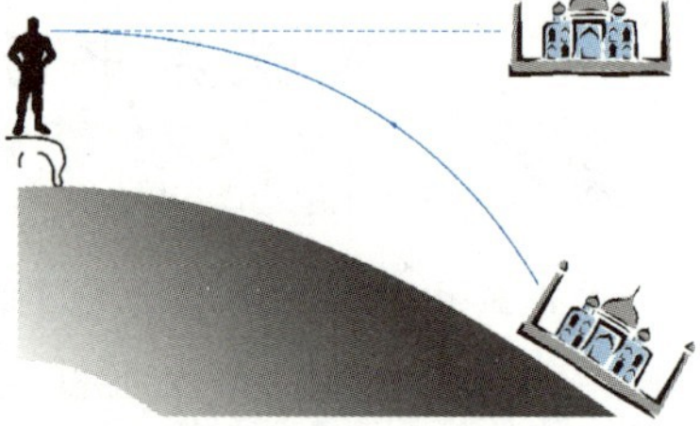　　　　图 1.46　海市蜃楼

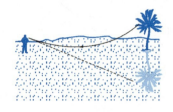

图 1.47　沙漠里的蜃景

夏日的沙漠,沙层附近空气温度高、密度小,上层空气温度低、密度大,与海面附近条件正好相反,远处较高景物向下发出的光线,经凹形曲线光路到达观察者处,观察者以为光线是下方倒立的虚像发射的,被称为下现蜃景,如沙漠里的蜃景(图 1.47).

光学新技术简介

现代公路上的道路反光标志

高等级公路上车辆来往如梭,如果利用油漆画的分道线和道路交通标志,白天有阳光照射,可以看得清,但是在夜间就无法辨认.

现代道路反光标志可以使司机在夜间能清楚地辨认出来.它由交通标志基板和反光膜组成,如图 1.48 所示.

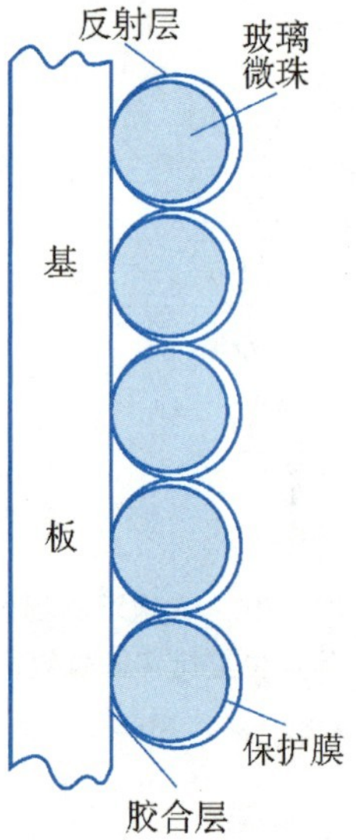

反光膜由透明保护膜、单层排列的玻璃微珠、反射层、胶合层组成,玻璃微珠用高度透明材料制成,直径约 0.25～0.35 mm,其后焦点位于其后表面.

远处射向反光膜的灯光可以认为是平行光,经玻璃微珠折射会聚于后焦点(即后表面上),被后表面上高反射率的反射层反射,光基本沿原方向返回.若在透明保护膜和胶合层上用红、黄、绿、蓝等色描出图案,公路上汽车自身灯光照射道路反光标志,光被逆向反射和漫反射,汽车司机在几百米之外就可看到明亮的交通标志.

数码相机

计算机的图像技术可应用于摄影——数字摄影技术.数字摄影技术用计算机芯片代替了传统胶片,用数码相机进行摄影.

数码相机内的计算机芯片是由特殊的光敏材料制成的,它将被摄景物的颜色和发光强弱转变成数字信号记录下来,使图像成为数据的集合.经过软件处理后,被摄景物的图像既可显示在计算机的荧屏上,也可打印在相纸上.

图 1.48　道路反光标志

数码相机拍的照片不仅色彩逼真,图像清晰,而且制作迅速.随着数码相机智能化程度的提高,处理时间可缩短到少于 1 s,可连续拍摄,且能够补偿低光条件和模糊图像,自动生成全景.

"哈勃"太空望远镜

"哈勃"太空望远镜长 13.1 m,重 11 600 kg.它装有超抛光镜面的直径为 2.4 m 的主体镜和直径为 0.3 m 的次级镜,并配备天体摄像机等高精尖仪器.它是目前世界上最复杂的望远镜.它于 1990 年 4 月由美国"发现者"号航天飞机送入高空轨道,寿命 15 年.

"哈勃"太空望远镜的探测能力很强,它能观察到 1.6×10^4 km 外飞动的一只萤火虫,能探测出相当于在地球上看清月球上 2 节干电池手电筒发出的闪光.观察距离可达到 150 亿光年.如果它探测到的光来自 150 亿光年之遥,就等于把宇宙历史从现在开始上溯 150 亿年.人们对它反馈到地球的信息进行分析,可以确定宇宙的年龄,了解星系的形成和演化,以及揭示其他星球是否有生命等.

本章知识小结

一、基本概念

1. 折射率

规定光从真空进入其他介质时,入射角的正弦跟折射角的正弦之比,叫作该介质的折射率.根据折射定律,介质的折射率也等于真空(或空气)中的光速 c 跟介质中的光速 v 之比,即

$$n = \frac{\sin\alpha_{空}}{\sin\alpha_{介}} = \frac{c}{v} > 1.$$

2. 全反射和临界角

(1) 发生全反射的条件是:① 光由光密介质射向光疏介质;② 入射角等于或大于临界角.

(2) 临界角(光由其他介质射向真空或空气时)C 的求法:

$$\sin C = \frac{v}{c} = \frac{1}{n}.$$

3. 透镜成像的三条特殊光线(图 1.24)

图 1.49 表示同一物体 AB 位于 $p > 2f$、$2f > p > f$ 和 $p < f$ 三个不同的区域,图中只画出了一条平行于主光轴的公共入射

光线和它的折射光线.再添一条过光心的光线,就能求出 AB 的像.这个图可以帮助我们概括凸透镜的各种成像情况,而不必死记硬背它们.

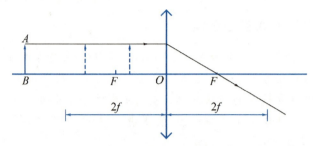

图 1.49　平行于主光轴的入射光线经透镜后的光路

二、折射定律

折射光线与入射光线、法线处在同一平面内,折射光线与入射光线分别位于法线的两侧;入射角的正弦与折射角的正弦成正比,即

$$\frac{\sin\alpha_1}{\sin\alpha_2}=n.$$

三、透镜公式

$$\frac{1}{p}+\frac{1}{p'}=\frac{1}{f}.$$

运用公式时 p 总为正,p' 和 f 要根据"实正虚负"的符号规则确定正号或负号.

放大率

$$k=\frac{|p'|}{p}.$$

这两个公式涉及 p、p'、f 和 k 共四个量,已知其中两个量就可以求解其他两个量.为了检验计算正确与否,应画出光路图来对照.

本章检测题

一、选择题

1. 如图 1.50 所示,一束光由介质射入空气,可知　[　　]
(A) 空气中的光速比介质中的光速大.
(B) 空气的折射率大.
(C) 折射角小于入射角.
(D) 光从空气射入介质有可能发生全反射.

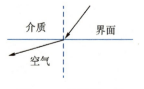

图 1.50　选择题 1 图

2. 某种介质的折射率为 $\sqrt{2}$. 当光线从空气以 45°的入射角射入这种介质中时,折射角为　　　　　　　　　　[　　]

(A) 60°.　　(B) 45°.　　(C) 90°.　　(D) 30°.

3. 使光从空气射向空气和介质的界面,当任意改变入射角时,下列说法正确的是　　　　　　　　　　　　[　　]

(A) 一定会发生全反射.

(B) 一定不会发生全反射.

(C) 入射角为 90°时才发生全反射.

(D) 折射角为 90°时才发生全反射.

4. 某种玻璃对空气的临界角为 42°,如图 1.51 所示的光路图正确的是(界面上方是空气,下方是玻璃)　　[　　]

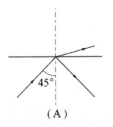 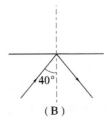 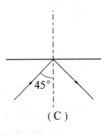 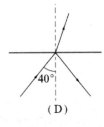

(A)　　　　(B)　　　　(C)　　　　(D)

图 1.51　选择题 4 图

二、计算题

1. 光从空气进入玻璃,入射角为 30°时,折射角为 20°,求玻璃的折射率.光在这种玻璃中的速度为多大?

2. 水晶的折射率为 1.54,计算水晶对空气的临界角.

3. 飞机在 2.0 km 的高空拍摄地面照片,要想得到比例尺为 1∶6 000 的照片,问照相机的焦距应为多少?

4. 为了测定凹透镜的焦距,将透镜边缘涂黑,中间留一个直径 d 为 4 cm 的圆孔.当透镜正对太阳时,在镜后 $L=64$ cm 的屏上得到直径 $D=20$ cm 的亮斑.透镜的焦距 f 为多少?

5. 蜡烛到光屏的距离为 100 cm,要能够在光屏上得到放大 4 倍的蜡烛的像,应选用哪一种透镜?透镜的焦距为多少?应将透镜放在何处?

6. 将 8 cm 长的物体放在透镜前 20 cm 处,得到 2 cm 长的正立像,问该透镜是哪一种透镜?透镜的焦距为多少?

7. 放大镜和照相机都用凸透镜成像,指出它们的不同点,并画出光路图.

8. 一个放大倍数为 20 的放大镜,它的焦距为多大?

第 2 章

力

自然界里有许多种力.初中时我们已经知道,行驶的汽车受到重力、支持力和摩擦力(friction force),通电导线受到磁场力,分子间有引力和斥力,原子核对电子有吸引力等.自然界里还有些力,科学家直到目前还没有完全弄清楚它们.

每种力都有它的产生条件和特点,本章将具体研究机械运动中常见的三种力——重力、弹力和摩擦力.各种力有其共性和共同遵守的法则,这就是本章要讲的力的三要素和平行四边形定则.

物体的平衡和各种形式的机械运动,是重力、弹力和摩擦力作用的结果.自然界里没有不受力的物体,物体的运动变化离不开力所起的作用,各种力造就了丰富多彩的物理世界.

2.1 力

力是物理学中一个非常重要的基本概念,在学习初中物理的时候,大家已熟悉了这个概念,可是谁见过力是什么样子?

力是看不见的,它是我们头脑中的一个抽象概念.

既然看不见力是什么样子,我们怎样才能知道物体是不是受到作用力呢？物理学是以实验为基础建立起来的,让我们从实际事例中来理解力这个概念是怎样产生的.

力

虽然我们看不见力是什么样子,但是能够看到力产生的效果.例如,用力推小车能使它由静止开始运动,用力拉弹簧能使它产生伸长的形变.力对物体有这两种看得见的效果：**改变物体的运动状态或使物体发生形变**.物体受力后,可能产生其中一种效果,也可能同时产生这两种效果,力这个概念就是从这两种效果中产生出来的.看到了上述效果,就是有力的作用.力的作用效果,是我们在今后的学习中判断某个力是否存在的依据.

力的三要素

力的效果取决于什么呢？弯弓射箭的时候,开弓的力越大,弓的形变就越大,所以力的大小是决定效果的一个因素.对弹簧的拉力和压力是方向不同的作用力,它们分别会使弹簧产生伸长和压缩两种不同的形变,可见力的方向也是决定效果的一个因素.踢足球射门时,如果脚向前踢球的方向通过球心,球不会转动,它被射向正前方.而如果向前踢球的方向偏离球心,它就会旋转着前进,在气流中沿弧线向前,成为绕过"人墙"侧面的弧线球(也被叫作"香蕉球",因为它飞行的弧线像香蕉那样弯曲),射向球门(参阅第 7 章关于气体压强的知识).足球受力的方向相同,而它转与不转就取决于受力的作用点,因此力的作用点又是决定效果的一个因素.**力的大小、方向和作用点**就是**力的三要素**,这是任何种类的力都具有的共性,是力的基本性质.

在国际单位制中,力的单位是牛顿,简称牛,用符号 N 表示.力可以用带箭头的线段表示出来.图 2.1 表示作用在物体 O 点上的力 F,方向沿水平向右,大小为 50 N.这里的线段是按一定比例画出的,它的长短表示力的大小,它的指向表示力的方向,箭尾表示力的作用点,这种表示力的方法,叫作**力的图示**.有时只需要画出力的示意图,即只画出力的作用点和方向,就表示物体在这个方向上受到了力.

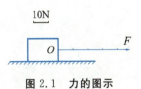

图 2.1 力的图示

2.2 重 力

人类世世代代生活在地球上,你从地上跳起来,还会落下;空气分布在地球的周围,不会脱离地球而散布到宇宙空间去.这一切都是因为地球对各种物体有吸引力,并且地球不需要跟物体接触就能吸引物体.

> 磁铁对铁的吸引力也是不需要二者接触就能产生的.不需要物体接触就能产生的力叫作非接触力.

重 力

由于地球吸引而使物体受到的力称为**重力**(gravity). 它的方向总是竖直向下.

初中物理讲过,质量为 m 的物体所受的重力 G 为

$$G = mg,$$

式中,g 一般取值为 9.8 N/kg.

> 在地球的不同地点,g 的大小会有变化.

重 心

一个物体上的每一部分都要受到重力的作用. 从效果上看,我们可以把重力看成集中作用于一点,这一点叫作**重心**(center of gravity).

质量分布均匀的物体,重心位置取决于物体的形状. 形状规则的均匀物体,其重心位于几何中心,如图 2.2 所示.

(a)

(b)

(c)

图 2.2 均匀物体重心的位置

不均匀物体的重心位置,既跟物体的形状有关,又跟物体内质量的分布有关. 例如,水泥电线杆一端粗、一端细,吊运电线杆时,绳的悬挂处要靠近粗的一端.

(想一想:如果长木箱里装了一台设备,一个人凭体力只能抬起木箱的一端. 这个人怎样能探测整箱重心的大概位置?)

重心越低的物体其稳定性越好. 例如,在钢缆上骑自行车

> 判断质量分布不均匀的物体重心,可以用悬挂法、支撑法等. 如对未知的长木箱,分别抬起木箱的两端,若两次用力差不多,重心大约就在箱中部;若两次用力相差较大,重心则靠近用力大的那一端.

的表演者,将道具连接车体,并在道具下部相当低的位置上悬空坐一个人.看似他们难以保持平衡,稍有晃动就会翻倒落地.其实,由于他们人车整体的重心是在钢缆(支撑点)的下面,当人车整体呈竖直状态时,重心处于最低位置,它的力学模型相当于用绳在钢缆下悬挂一个重物.当演员稍有晃动偏离竖直位置时,整体就会在重力作用下再回到重心最低的位置——恢复竖直,成为空中不倒翁.虽然人身在高空却有惊无险.

用鸡蛋壳、橡皮泥制作一个不倒翁,再加以美化,看谁做得漂亮且稳定效果好,分析稳定效果好的原因.

 思考与练习

1. 一块砖按照如图 2.3 所示三种不同位置摆放,哪种最不稳定?哪种最稳定?

(a)   (b)   (c)

图 2.3　思考与练习 1 图

2. 被列入世界文化遗产的万里长城,它蜿蜒于崇山峻岭之间,不仅工程浩大,而且在建筑技术上凝聚了我国古代劳动人民的智慧.因为城墙立于陡峭的峻岭,墙体即使不向两侧倒塌,其稳定性也是很差的.想一想,为什么?

2.3　弹　力

杂技演员能在弹簧蹦床上跳得很高,人在路面上能够行走自如,可是红军过草地的时候,有的同志却被陷在沼泽的淤泥里不能自拔,这是为什么呢?

弹　力

> 路面虽不像弹簧那样有弹性,但是也有一些恢复原状的本领,所以脚踩在路面上跟踩在沼泽地不同.

脚踩在物体上,物体受力会发生变形.有的物体如弹簧(spring)变形后有恢复原状的本领,有这种本领的物体叫作**弹性体**.而淤泥类似于橡皮泥,把橡皮泥塑成什么形状,它的形变就保持下来了,没有恢复原状的本领,所以脚把淤泥踩得越深就陷得越深.本节只研究弹性体的形变.

如图 2.4 所示,用手拉弹簧时会感到弹簧对手作用了拉力,用手压它时会感到它对手作用了压力.**弹性体形变时,对于使它发生形变的物体产生的作用力称作弹力**.弹力是弹性体恢复原状本领的表现,弹力的方向跟弹性体形变的方向相反.

> 压力和支持力的方向都垂直于物体的接触面.用绳子拉物体时,绳子的拉力是沿绳子而指向绳子收缩的方向.

用绳把桶悬挂起来,桶会把绳向下拉,绳就像弹簧那样发生了弹性伸长,绳就对桶作用了向上的弹力,也就是通常所说的拉力.把书放在桌上,书会使桌子发生弹性压缩,桌子就对书作用了向上的弹力,也就是通常所说的支持力(向上的压力).拉力、支持力、压力都是弹力.从力的角度来说,人站在淤泥上时,由于淤泥几乎不对人产生向上的弹力,人就在重力作用下陷了进去.

胡克定律

> 由于绳和桌子的弹性形变通常很小,所以肉眼难以觉察.

用手把弹簧拉得越长,你会感到弹力越大.但是如果把弹簧拉得太长,形变超过了一定限度,把手松开后它却不能恢复原状了,这时它也就不再是弹性体.发生形变的物体,在外力停止作用后能够恢复原状的形变叫作**弹性形变**.实验表明,弹簧发生弹性形变时,**弹力 F 的大小跟弹簧伸长(或缩短)的长度 x 成正比**.这个规律叫作**胡克定律**,用公式表示为

$$F=kx.$$

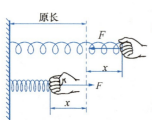

图 2.4　弹力与伸缩方向相反

式中 k 叫作弹簧的**劲度系数**,单位是牛/米(N/m). $k=\dfrac{F}{x}$ 是个比值,它在数值上表示每单位长度形变所产生的弹力大小.不同材料、不同形状的弹簧,各有其自己的劲度系数.火车车厢下粗大的弹簧,劲度系数很大;自动化仪表、器件(如继电器)中纤细的弹簧,劲度系数很小.

> **例1**　一根弹簧被从 50 cm 拉长为 70 cm 时,由于弹性形变产生的弹力为 400 N,它的劲度系数为多少?如果再把它拉长成 80 cm,劲度系数又为多少?它在 80 cm 长度时能产生多大的弹力?

分析与解答　$F=400$ N 的弹力所对应的形变为

$$x = 0.7\ \text{m} - 0.5\ \text{m} = 0.2\ \text{m},$$

劲度系数为

$$k = \frac{F}{x} = \frac{400}{0.2}\ \text{N/m} = 2 \times 10^3\ \text{N/m}.$$

劲度系数是个比值,同一根弹簧的劲度系数不变,所以弹簧伸长为 0.8 m 时,劲度系数仍为 2×10^3 N/m.

弹簧长度为 0.8 m 时,其形变为

$$x' = 0.8\ \text{m} - 0.5\ \text{m} = 0.3\ \text{m},$$

其弹力大小

$$F' = kx' = 2 \times 10^3 \times 0.3\ \text{N} = 6 \times 10^2\ \text{N}.$$

显示微小的弹性变形

下面介绍两个把微小变形"放大"到可以用肉眼直接观察的方法.

图 2.5 表示将一个大玻璃瓶装满水,把很细的玻璃管穿过瓶塞插入水中.用手按压瓶时,细管中水面会上升;松开手时,管中水面又回到原处.

 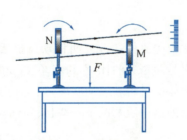

图 2.5 显示微小弹性变形实验一

图 2.6 显示微小弹性变形实验二

图 2.6 表示在桌面上放置两个平面镜 M 和 N,用力 F 按压桌面时,由于桌面向下微凹,两镜就会沿箭头所示的方向微倾,导致标度尺上的光点发生较明显的移动.

 思考与练习

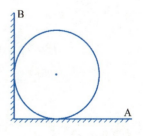

1. 图 2.7 中 A 是水平光滑平面,B 是竖直的光滑平面,A 和 B 是否都对图中所示静止的钢球有弹力作用?

2. 一根弹簧的劲度系数为 2×10^3 N/m,原长 40 cm.要想

图 2.7 思考与练习 1 图

使它产生 200 N 的弹性拉力,弹簧应伸为多长?

2.4 摩擦力

冬季道路上有积雪的时候,偶尔会看到一辆汽车刹车时不是沿着原来前进的方向滑行,而是扭转着把车体横陈在路上.这个猝不及防的路况常会伤及行人或发生撞车.虽然司机并没有转方向盘,可是刹车为什么会造成车体扭转呢?

滑动摩擦力

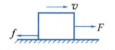

图 2.8 相对运动物体受到滑动摩擦力

如图 2.8 所示,当一个物体在另一个物体表面滑动的时候,会受到另一个物体阻碍它滑动的力,这种力叫作**滑动摩擦力**.滑动摩擦力的方向总是沿着接触面,跟相对运动的方向相反.

实验证明,滑动摩擦力 f 的大小跟压力 N 成正比,用公式表示为

$$f = \mu N.$$

式中的比例常数 μ 叫作**动摩擦因数**(dynamic friction factor),它是两个力的比值,没有单位. μ 的大小取决于相互摩擦的两个物体的材料和表面状况(如干湿程度、粗糙程度等). 表 2.1 列出的是一般情况下一些材料间的动摩擦因数.

表 2.1 几种材料间的动摩擦因数

材 料	动摩擦因数
钢—钢	0.25
木—木	0.30
木—金属	0.20
皮革—铸铁	0.28
钢—冰	0.02
木头—冰	0.03
橡皮轮胎—路面(干)	0.71

物体相对于空气运动时受到的摩擦力(friction force)叫作**空气阻力**. 像飞机那样以较高速度运动的物体,会受到较大的空气阻力. 对于本书中一般的低速运动物体,如果没有特别提示,空气阻力可以忽略不计.

骑自行车时用手捏刹车,使刹车的橡皮跟车轮钢圈之间产生压力,压力越大,橡皮对车圈制动的滑动摩擦力越大.汽车左右两个后轮都有与自行车类似的刹车装置,由于长期使用有磨损,这会导致联动的左、右刹车装置对车轮产生不相等的压力,使两轮受到了不相等的刹车滑动摩擦力,因而两轮不能同时制动.如图 2.9 所示,若右轮滞后制动,车体在制动滑行时,其右轮比左轮向前运动的路程就会长一些,这相当于向左拐弯,它就横陈在路中央了.

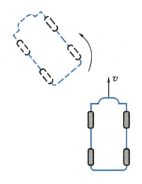

图 2.9 汽车右轮滞后制动

例 2 在北国的林海雪原中,人们常用马拉的雪橇作为运输工具.一个木制的雪橇装载物品后总重为 2×10^4 N.在水平的冰道上,要用多大的水平力才能使雪橇匀速前进?

分析与解答 雪橇在水平方向受有马的拉力 F 和冰道的滑动摩擦力 f.根据二力平衡原理,F 必须跟 f 大小相等,雪橇才能匀速运动.

在水平冰道上,雪橇的总重 G 的大小等于压力 N 的大小,动摩擦因数可从表 2.1 查出,$\mu = 0.03$.所以
$$F = f = \mu N = \mu G.$$
代入数字,得
$$F = 0.03 \times 2 \times 10^4 \text{ N} = 6 \times 10^2 \text{ N}.$$

静摩擦力

生活中有这样的情况,我们用力推一个平地上的重木箱时,木箱没有被推动,木箱与地面保持相对静止,这是由于地面对木箱有摩擦力,阻碍了木箱相对地面的运动.**相互接触的两个物体之间有相对运动趋势没有相对运动时,阻碍相对运动趋势的力叫作静摩擦力**.静摩擦力的方向总是沿着接触面,跟相对运动趋势的方向相反.

如何确定静摩擦力的大小呢?上述情况中,木箱在水平方向受到静摩擦力与水平推力两个力的作用,只要木箱静止,则二力平衡,木箱受到的静摩擦力就与水平推力始终相等.水平推力大,则静摩擦力也随之增大.但是静摩擦力不会无限制地增大(如果静摩擦力能够无限制地增大,地面上的任何物体都不能被移动).**静摩擦力的最大值**叫作**最大静摩擦力**.当产生运动趋势的力大于最大静摩擦力时,物体的平衡状态就被改变了,物体发生相对滑动.滑动摩擦力略小于最大静摩擦力.工程设计中常借用滑动摩擦力公式来估算最大静摩擦力.

做一做　　毛刷之间的摩擦

把两只毛刷的刷面对在一起,分别向左右拉,就可以发现两毛刷的刷毛向两个不同的方向倾斜,想一想,为什么?这种情况下,毛刷之间有几个摩擦力?

阅读材料

摩擦力的应用和减小有害摩擦

在我们周围,到处都有摩擦力的存在.人们有时需要利用摩擦,增大摩擦力;有时又要尽可能减小摩擦力.

鞋底上凹凸不平的花纹、冬季冰雪封路时在路面桥面上撒一些煤渣、在汽车车轮上缠上防滑链等都是为了增大摩擦.皮带轮是靠摩擦传动的,为了防止皮带打滑失去动力,皮带必须张紧而且要禁油.

举世瞩目的长江三峡大坝,在水利技术中属于重力坝,它是依靠坝体的重力在坝基上获得足够大的最大静摩擦力,用静摩擦力抵抗水对坝体的压力,使坝体不会被水压力所推动.

利用金属摩擦发热可进行摩擦焊接,利用摩擦制动可减小汽车、火车的速度,微波使食物分子互相摩擦和碰撞可加热食物等,这些都是利用摩擦的例子.

在许多场合摩擦力是有害的,需要减小摩擦.例如,机器转动或滑动时,摩擦力会使机器发热和磨损器件,使机器失去原有的精度和功能,缩短机器的使用寿命,通常采用滚动摩擦代替滑动摩擦和添加润滑油等措施来减小摩擦.

 思考与练习

1. 一些旅游景点有傲然屹立的"飞来石",它置于石基平台上,任凭狂风劲吹岿然不动.这是什么原因呢?
2. 用 20 N 的水平力能使重 40 N 的物体在水平面上匀速

滑动,由此可求出物体与地面间的动摩擦因数为_____.

3. 一货箱跟地面的动摩擦因数 $\mu=0.30$,货箱重 100 N. 若用 10 N 的水平推力没有推动它,此时货箱受到的静摩擦力大小为_____;当水平推力大于_____时,货箱才能被推动.

4. 设想,在没有摩擦的世界里,你的遭遇如何?

5. 摩擦力是否都是阻力,请举例说明.

2.5 共点力的合成 共点力的平衡

图 2.10 所示三种受力情况分别对应于用单臂、双臂竖直或双臂有夹角[图(c)的夹角要大一些,以便区分跟图(b)的不同感受.]把自己悬挂在单杠下. 虽然在三种情况下感受到的臂力大小不相同,但是由于这三种情况悬挂的是相同的重物,所以臂力的作用效果相同. F 这一个力能代替 F_1、F_2 或 F_3、F_4 共同作用产生的效果,**一个力的作用效果与原来两个力(或几个力)共同作用的效果相同时,我们把这个力叫作那两个力(或几个力)的合力**(resultant of forces),**原来的几个力叫作分力**(component of force). 图 2.10 中的合力 F 跟分力 F_1、F_2 或跟分力 F_3、F_4 之间有什么关系呢?分力的大小相加后是否等于合力的大小呢?

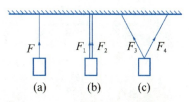

图 2.10　三种情况的作用效果相同

以下将通过实验,探求合力与分力之间大小和方向的精确关系. 我们只研究作用线交于一点的分力——**共点力**(concurrent force)跟它们的合力之间的关系.

平行四边形定则

我们设计一个跟图 2.10 类似的实验,以便于进行观测.

图 2.11(a)表示橡皮条 GE 在力 F_1 和 F_2 的共同作用下,沿着直线 GC 伸长了 EO 这样的长度. 图 2.11(b)表示撤去 F_1 和 F_2,用一个力 F 作用在橡皮条上,使橡皮条沿着相同的直线伸长相同的长度. 力 F 对橡皮条产生的效果跟力 F_1 和 F_2 共同产生的效果相同,所以力 F 是力 F_1 和 F_2 的合力.

可以看出,合力 F 并不等于两个分力 F_1、F_2 的大小相加,而我们用力的图示,在力 F_1 和 F_2 的方向上各作线段 OA 和 OB,根据选定的标度,使它们的长度分别表示力 F_1 和 F_2 的大

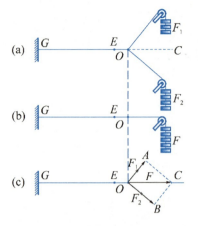

小[图 2.11(c)]. 以 OA 和 OB 为邻边作平行四边形 OACB. 量出这个平行四边形的对角线 OC 的长度, 可以看出, 根据同样的标度, 合力 F 的大小和方向恰好可以用对角线 OC 表示出来.

改变力 F_1 和 F_2 的大小和方向, 重做上述实验, 可以得到同样的结论.

可见, 求两个互成角度的共点力的合力, 可以用力的图示, 以表示这两个力的线段为邻边作平行四边形, 这两个邻边之间的对角线就表示合力的大小和方向. 这叫作**力的平行四边形定则**.

图 2.11 研究合力与分力的关系

由图 2.12 可知, 合力 F 的大小和方向与分力 F_1 和 F_2 的大小和方向有关. 两个大小一定的共点力 F_1、F_2 夹角越大, 合力越小; 夹角为 180° 时两力方向相反, 合力等于两力数值之差, 其方向跟较大一力的方向相同; 共点力 F_1、F_2 夹角越小, 合力越大; 夹角为零时, 两力方向相同, 合力等于两力数值之和, 其方向跟两力方向相同.

> 为了产生同样大小的合力, 两个分力的夹角越大, 所需要的分力越大, 所以人在单杠下悬垂时, 双臂夹角越大就越费力.

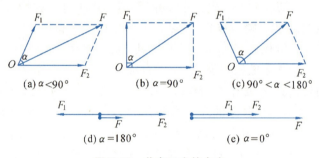

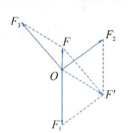

图 2.12 共点二力的合力

图 2.13 三个力的合成

两个以上共点力的合成

求合力的方法叫作**力的合成**. 对两个以上共点力求合力, 可先求其中任意两个力的合力, 再求这个合力和第三个力的合力. 依次类推, 最后求出所有力的合力, 如图 2.13 所示.

标量与矢量

> 等效法: 用合力代替多个力, 用作用于重心的重力代替物体上分布的重力, 用总电阻代替串联、并联的各个电阻等, 这是一种简化问题的方法, 叫作等效法. 但并非实物的代替, 而是根据物理原理进行思维上的转换. 这是一种常用的方法, 今后还会在不同章节多次遇到.

我们看到, 方向不同, 力产生的效果也不同. 方向是力的一个要素, 也是速度等一些物理量的要素. 行车时如果是南辕北辙就会离目的地越来越远. 像力、速度这样**既有大小又有方向的物理量**叫作**矢量**(vector quantity). 矢量都可以用带箭头的线段来表示, 对矢量的运算要遵从平行四边形定则. 而像长度、面积、时间等这样一些物理量, 只要知道它们的大小就够了, 它们没有方向.**只有大小没有方向的物理量叫作标量**.标量遵从代数运算法则.

> **例 3** 一个气球除受有重力 $G=3.0$ N 外,它还受有风的水平推力 $F_1=12$ N 和空气浮力 $F_2=8.0$ N 作用(图 2.14),求气球所受的合力 F.

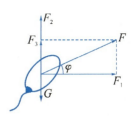

图 2.14 例 3 图

分析与解答 这是求三个共点力的合力,先合成 F_2 和 G,可得一个向上的力 F_3,其大小 $F_3=F_2-G=8.0$ N-3.0 N$=5.0$ N.再合成 F_1 和 F_3,根据勾股定理,得气球所受的合力 F 的大小为

$$F=\sqrt{F_1{}^2+F_3{}^2}=\sqrt{12^2+5.0^2}\text{ N}=13\text{ N}.$$

> **讨论** 利用 $\tan\varphi=\dfrac{F_3}{F_1}=\dfrac{5.0}{12}$,求出 φ 就可知道 F 的方向.

共点力的平衡

我们常说的一个物体处于**平衡状态是指物体保持静止,或者处于匀速直线运动(或匀速转动)状态**.工程技术上如建筑物、桥梁、起重机等都需要保持平衡状态.

在共点力作用下,物体保持平衡的条件是什么呢?

初中讲过,物体受两个共点力作用时,保持平衡的条件是:两个力大小相等,方向相反,它们的合力为零.

物体受三个共点力作用时,保持平衡的条件又是什么呢?我们可以用平行四边形定则,求出其中任意两个力的合力,使三力平衡转化成二力平衡.根据二力平衡条件可知,该任意两个力的合力与第三个力大小相等、方向相反且在同一直线上,因此平衡条件仍然是合力为零.当物体在共点的多个力作用下平衡时,沿用与此相同的推理方法,运用平行四边形定则,使之转化成二力平衡.所以**在共点力作用下物体的平衡条件是合力等于零**,即

$$F_合=0.$$

由于物体在几个共点力的作用下保持平衡,其中任一个力和其余几个力的合力大小相等,方向相反,在同一直线上,所以这个力又称为其余几个力的平衡力.

> **例 4** 图 2.15 中电灯的重力 $G=5.0$ N,$\varphi=60°$.求斜绳和水平绳作用于 O 点的拉力的大小.

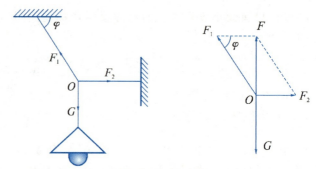

图 2.15 例 4 图

分析与解答 因为作用于 O 点的三力平衡,所以 G 必然是 F_1 与 F_2 的合力 F 的平衡力,即 F_1 与 F_2 的合力 F 跟 G 在同一直线上,大小相等,$F=G$,方向相反.可作图得 F_1、F_2 的合力 F 及 F 与 G 的关系.

解图 2.15 中的直角三角形,得到

$$F_1 = \frac{F}{\sin\varphi} = \frac{G}{\sin\varphi} = \frac{5.0}{\sin 60°}\text{N} \approx 5.8 \text{ N},$$

$$F_2 = F\cot\varphi = G\cot\varphi = 5.0\cot 60° \text{N} \approx 2.9 \text{ N}.$$

(想一想:对图 2.14 中的气球再施加一个什么样的力,才能使它平衡?)

阅 读 材 料

斜 拉 桥

斜拉桥是一种以主塔、钢索系拉桥面的大跨度桥梁.钢索两端分别连接主塔和桥梁.因为钢索能延伸数百米,所以斜拉桥的跨度很长,只需在两岸建塔就可以跨江架桥,不必在江中建桥墩.斜拉桥的主要力学特点是:依靠钢索对桥梁的拉力维持桥梁的平衡,而每一对(对称)钢索对主塔产生的拉力则合成一个向下的合力作用在主塔上,使主塔承受了全部桥重.主塔建在江底深处的岩石上.至今世界上已建造斜拉桥 3 000 多座.我国已成为拥有斜拉桥最多的国家.在世界 10 大著名斜拉桥排名榜上,中国有 8 座,尤其是苏通长江大桥主跨 1 088 m,为世界斜拉桥第二跨.

苏通大桥是苏通长江公路大桥的简称,位于江苏省东南部,连接南通和苏州两市.它全长 32.4 km,其中跨江部分长

8 146 m. 主桥通航净空高 62 m,宽 891 m,可满足 5 万吨级集装箱货轮和 4.8 万吨船队通航需要.建成时是我国建桥史上工程规模最大、综合建设条件最复杂的特大型桥梁工程.

苏通大桥的建设创造了 1 088 m 斜拉桥跨径,300.4 m 索塔,577 m 斜拉索和 131 根长 117 m、直径 2.8 m/2.5 m 群桩基础等四项世界第一,使人类建设斜拉桥的跨越能力首次突破了 1 000 m 大关.

苏通大桥的建设使用了大量新技术.使用静力限位与动力阻尼组合的新型桥梁结构体系及关键装置与设计方法,使得千米级斜拉桥在世界上首次得以实现;开发了内置式钢锚箱组合索塔锚固结构和大型群桩基础结构及设计方法;在国际上首次提出了千米级斜拉桥的施工控制目标、总体方法、过程与内容以及控制精度标准;在国际上首次系统地建立了多构件三维无应力几何形态和设计制造安装全过程控制方法,使苏通大桥实现的控制精度高于国际同类标准,攻克了千米级斜拉桥施工控制技术难题.以上这些技术的革新和应用为世界斜拉桥技术的发展做出了重要贡献.

苏通大桥工程先后获得中国建设工程鲁班奖、中国公路学会科学技术奖特等奖和国际桥梁会议(IBC)等组织颁发的国际性奖项.

2008 年 7 月,苏通大桥展览馆被命名为江苏省爱国主义教育基地,面向社会免费开放.苏通大桥展览馆全景式地展示了苏通大桥在整个建设过程中科学研究、自主研发、攻克关键技术与创新等内容,参观者还可以游戏的方式,亲身体验建设者的艰辛和欢乐.

思考与练习

1. 能够说合力一定比分力大吗?
2. 如图 2.16 所示,为了防止电线杆倾倒,常在两侧对称地拉上钢绳.如果两条钢绳间的夹角为 60°,每条钢绳的拉力都为 300 N,求两条钢绳作用在电线杆上的合力.(这类似于一对钢索对斜拉桥主塔的作用力状况)
3. 在你已经学习过的这些物理量中,如力、质量、时间、速度、长度、温度,哪些是矢量,哪些是标量?
4. 作用于同一物体上的两个力分别为 5.0 N 和 20 N,当改变两力之间的夹角时,其合力的大小也随之改变.合力大小

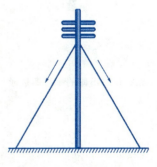

图 2.16 思考与练习 2 图

变化的范围为 [ ]
(A) 5.0～20 N.　　　(B) 5.0～25 N.
(C) 15～25 N.　　　(D) 15～20 N.

5. 在排球场中间两侧的钢柱上挂球网时,无论怎样收紧球网,它还是呈现两头高、中间低的下垂状态,这是为什么呢?

2.6 力的分解

放风筝时,风是水平方向吹的,为什么我们拉着风筝向前奔跑,风筝就可以飞起来呢?

力的分解

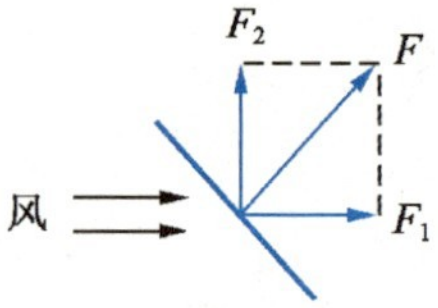

如图 2.17 所示,风在风筝上产生一个垂直于风筝面的力 F,这个力有两个作用效果,一个效果是产生向后的力 F_1 阻碍风筝向前运动,另一个效果是产生向上的力 F_2,使风筝能克服自身的重量,向上飞起. 力 F_1、F_2 的共同作用效果与力 F 的作用效果相同,所以,力 F_1、F_2 是力 F 的分力.

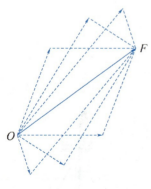

图 2.17　风筝的受力分析

求一个已知力的分力,叫作**力的分解**.

力的分解是力的合成的逆运算,同样遵循平行四边形定则. 方法是把已知力作为平行四边形的对角线,与已知力共点的平行四边形的两个邻边,就是这个已知力的两个分力.

我们知道,如果没有其他限制,对于同一条对角线,可以作出无数个不同的平行四边形(图 2.18),也就是说,同一个力 F 可以分解为无数对大小、方向不同的分力. 那么,一个已知力究竟该怎样分解呢? 通常可以根据支撑物的几何形状和支撑物的工作状况,来决定力被分解的方向,从而得出确切的答案. 图 2.19(a)、(b)表示了力被分解的几种情况.

图 2.18　不同的平行四边形

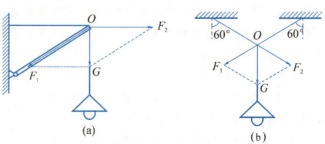

(a)　　　　　　　　(b)

图 2.19　力的分解

正交分解法

把一个已知力沿两个互相垂直的方向分解,叫作**正交分解法**.运用正交分解法时,通常可引入平面直角坐标系.

如图 2.20 所示,放在水平面上的物体受到一个斜向上方的拉力 F 的作用,F 与水平方向的夹角为 α.这个力产生两个效果:一是水平向前拉物体,二是竖直向上提物体,因此力 F 可以分解为沿水平方向的分力 F_x 和沿竖直方向的分力 F_y.两个分力的大小为

$$F_x = F\cos\alpha, \quad F_y = F\sin\alpha.$$

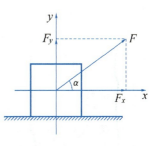

图 2.20 将力 F 正交分解

如图 2.21 所示,放在斜面上的物体,受到竖直向下的重力作用,重力产生的两个效果:一是使物体沿着斜面下滑,二是使重物压在斜面上.因此重力 G 可以分解为这样两个力:平行于斜面使物体下滑的力 G_x,垂直于斜面使物体压紧斜面的力 G_y,重力的这两个分力的大小为

$$G_x = G\sin\alpha,$$
$$G_y = G\cos\alpha.$$

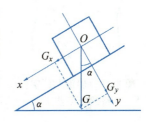

图 2.21 将重力 G 正交分解

不仅力可用平行四边形定则分解,其他矢量也可利用平行四边形定则分解(包括正交分解法).

迎风前进的小车 小实验

用细铁丝把小纸板固定在一根竹筷的上半端,把竹筷下半端插入玩具小车中(也可用小塑料瓶盖做一个四轮灵活的小车),做成一个带帆的小车[图 2.22(a)].把小车放在玻璃台板上,适当调节帆的位置,并让车体(轴线)侧过来跟帆成一个锐角.打开台扇使逆风侧着吹向帆面,小车就能以逆风为动力迎风前进.

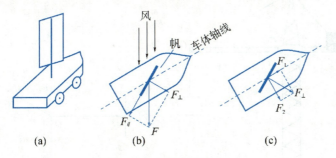

图 2.22 侧向逆风行车

我们根据力的分解知识来分析逆风行车现象.侧向逆风吹向帆面时,风力 F 中只有跟帆面垂直的分力 $F_\perp$ 对帆产生压力;

F 中沿帆面的分力 $F_{/\!/}$ 只对帆产生摩擦作用,我们感兴趣的是寻求行车的动力,对 $F_{/\!/}$ 就不讨论了[F 的分解见图 2.22(b)]. 由于 $F_\perp$ 跟车体成锐角,所以 $F_\perp$ 对车体产生了两个效果:$F_\perp$ 沿车体轴线的分力 F_1 使车体前进,$F_\perp$ 沿车体轴线垂直方向的分力 F_2 使车体侧向移动[$F_\perp$ 的分解见图 2.22(c)]. F_2 对车体的影响不大(F_2 只能使车体产生一点横向移动),所以车体就在 F_1 的作用下迎着侧向逆风前进.

河中的帆船逆风而行的道理跟上述是一样的. 只是由于受河道宽度的限制,船头不能只朝一个方向,必须经常调整船头的方向和帆的迎风位置,使船在侧向逆风中沿着"之"字形路线迂回前进(图 2.23).(请自己分析,为什么走"之"字形路线?)

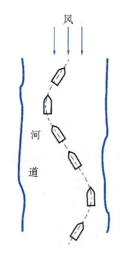

图 2.23 船沿"之"字形路线迂回前进

思考与练习

1. 一个骑自行车的人,沿倾角 $\theta=30°$ 的斜坡向下滑行. 人和车重共为 $G=700$ N,计算重力沿斜面的分力和垂直于斜面方向的分力.

2. 水平地面上有一木箱,甲用水平力 F 推着它走,乙用水平力 F 拉着它走,丙用倾斜向下的力 F 推着它走,丁用倾斜向上的力 F 拉着它走. 哪一种情况的滑动摩擦力最小?

3. 如图 2.24 所示,一塔式起重机,钢绳 OA 与水平悬臂 OB 的夹角为 30°,当起重机吊起 $5×10^4$ N 的货物时,钢绳和悬臂受多大的力?

*4. 图 2.25 中的 OA、OB、OC 三根细绳,它们能够承受的最大拉力相同. 当增加悬挂的物重 G 时,哪根绳先断?

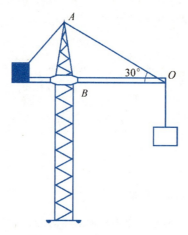

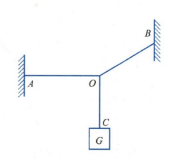

图 2.24 思考与练习 3 图　　图 2.25 思考与练习 4 图

2.7 物体受力分析

受力图

一个物体常常同时受到几个力对它的作用.在分析物体的受力情况时,首先要确定具体问题中的研究对象,找出研究对象的周围物体对它的每一个作用力,确定这些作用力的作用方向,并且用力的图示把这些力表示出来.这就是通常说的受力图.

物体受力分析

画受力图要有一个基本的思路,不宜信手画力,漫无头绪.

力学中只涉及重力、弹力和摩擦力,分析时要先易后难,大体顺序是重力—弹力—摩擦力:

(1) 重力.物体总受有竖直向下的重力.

(2) 弹力.物体获得的支撑只有两种——绳的拉力和接触面的支持力.支持力跟接触面垂直.

(3) 摩擦力.滑动摩擦力跟相对运动方向相反;静摩擦力跟相对运动趋势的方向相反.

有些的确难以发现的力,要从分析物体的状态才能确定(例如,以下将要分析的斜拉桥桥梁内的力).

例5 一辆汽车在平直道路上匀速行驶,分析它的受力情况,并画出它的受力图.

分析与解答 以汽车为考察对象,把周围物体对汽车的影响以力表示出来,就是汽车这个隔离体的受力图(图 2.26).

汽车受的重力 G,是地球对汽车的作用力,方向竖直向下.

地面对汽车的支持力 N,方向跟地面垂直且向上.

运动中的摩擦阻力 f,是地面对汽车的作用力. f 的方向跟速度方向相反.

发动机通过地面对车所产生的牵引力 F,跟速度同方向.

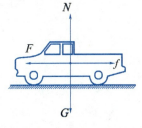

图 2.26 例 5 图

例6 如图 2.27(a)所示,一个木块沿着斜面下滑,分析木块的受力,并画出它的受力图.

分析与解答　取木块为研究对象,把木块从周围物体中隔离出来,画出隔离体.木块受如下三个力作用:

重力 G,方向竖直向下,是地球对它的作用.

支持力 N,方向垂直于斜面向上,是斜面对木块的作用.

滑动摩擦力 f,方向沿斜面向上,是斜面对木块的作用.

木块的受力情况如图 2.27(b)所示.也可把受力图直接画在(a)图中.

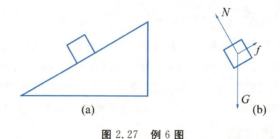

图 2.27　例 6 图

讨论:有的同学根据木块沿斜面下滑的这种效果,认为木块除了受上述的三种力之外,还受到一个使物块下滑的力,你的看法如何?根据前面"正交分解法"中的图 2.21 可知,使木块沿斜面下滑的力 G_x,只是重力 G 的一个分力.当 G 不被分解为 G_x 和 G_y 时,G_x 是不存在的.如果认为木块既受重力 G 又同时受它的分力 G_x,就是无中生有多添一个力 G_x.

例 7　如图 2.28(a)所示,物体 A、B 被细绳连接在一起匀速运动,分析物体 A、B 的受力情况.

分析与解答　本题要求分析两个物体的受力情况,因此必须选取两个研究对象,分别进行受力分析,画出它们的受力图.

分别取物体 A、B 为研究对象,画出物体 A、B 两个隔离体,如图 2.28(b)所示.

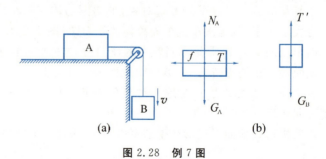

图 2.28　例 7 图

物体 A 受的力:

重力 G_A 方向竖直向下,是地球对物体 A 的作用;

拉力 T，方向沿绳子向右，是绳子对物体 A 的作用；

支持力 N_A，方向垂直于接触面向上，是水平桌面对物体 A 的作用；

滑动摩擦力 f，方向沿接触面向左，是桌面对物体 A 的作用．

物体 B 受的力：

重力 G_B，方向竖直向下，是地球对物体 B 的作用；

拉力 T'，方向竖直向上，是绳子对物体 B 的作用．

思考与练习

1. 作出图 2.29 中结点 O 的受力图．

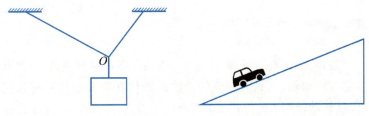

图 2.29　思考与练习 1 图　　　图 2.30　思考与练习 2 图

2. 如图 2.30 所示，一辆汽车沿斜坡向上匀速行驶，作出汽车的受力图．

3. 作出图 2.31 中物体 A、B 的受力图．

4. 一个人站在自动扶梯上随扶梯匀速上升，作出他的受力图（图 2.32）．

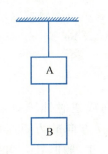
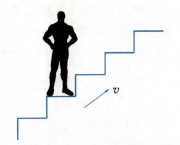

图 2.31　思考与练习 3 图　　　图 2.32　思考与练习 4 图

2.8　力矩　力矩的平衡

阿基米德发现了杠杆原理,他戏言:"给我一个支点和一根足够长的棍,就能把地球撬起来."这句话可以看作是阿基米德对杠杆原理精彩的诠释.他为什么不求别人帮忙,只要一根足够长的棍和一个支点就够了?你在生活中有类似的经验吗?

杠杆原理表达了力对物体转动作用的效果,本节主要研究这个问题.

力　矩

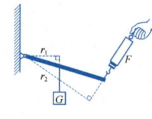

图 2.33　力和力臂

撬棒、缝纫机踏板、案秤、滑轮、卷扬机等简单机械,它们都有固定的转动轴,凡是有固定转动轴的物体在物理中都可称为杠杆.**从转动轴到力的作用线的距离**叫作**力臂**(图 2.33).用手拧螺丝刀的时候,手柄的半径就是力臂.手用的力越大,螺丝就被拧得越紧.这说明力臂一定的时候,同一方向的作用力越大,力的转动效果就越大.

实验表明,保持力臂不变,把力增大为原来的两倍;或者保持力不变,而把力臂增大为原来的两倍,这两种情况下力的转动效果相同.可见,力和力臂的大小对力的转动效果具有同等的影响.因此用力 F 和力臂 L 的乘积来表示力的转动效果,该乘积被称为**力矩**(moment of force),用 M 表示,

$$M=FL.$$

力矩的单位为牛·米,符号是 N·m.

力矩有两种方向:顺时针转动方向或逆时针转动方向.相同方向的力矩互相加强,应相加;相反方向的力矩互相减弱,应相减.一般规定逆时针方向力矩为正,顺时针方向力矩为负.当杠杆上作用了多个力矩时,它们的代数和决定了这些力矩的总效果.

力矩是使物体转动状态发生改变的原因.力矩可以使原来静止的物体发生转动,还可以使转动的物体改变其转动的速度.机械中所有的轮子都是由力矩来驱动或制动的.

有固定转动轴的物体平衡条件

门、窗、砂轮、电风扇的转叶等,都是有固定转动轴的物体,转动轴限制了它们只能发生转动而不能移动. 当力矩的代数和不为零时,帮助转动的动力矩使物体由静止开始转动,或者使转动加快;阻碍转动的阻力矩使物体的转动减慢,或者由转动变为停止. 物体保持静止或转动的快慢不变(匀速转动)的状态叫作**平衡状态**,力矩的代数和为零就是有固定转动轴物体的平衡条件,即

$$M_合 = 0.$$

> 骑自行车时,链条对车轮作用了动力矩;刹车橡皮对车轮作用的是阻力矩.

例 9 图 2.34 所示为简易起重机示意图. 均匀钢管制成的起重臂长为 l,重 $G_1 = 1.0 \times 10^3$ N. 当钢索跟起重臂垂直时,图中的 $\alpha = 60°$. 物重 $G_2 = 5.0 \times 10^3$ N. 若重物与起重臂都处于平衡状态,钢索中的拉力 F 为多少?

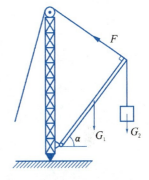

图 2.34 例 9 图

分析与解答 F 对转动轴产生逆时针方向的力矩,G_1 和 G_2 对转动轴产生顺时针方向的力矩. 根据力矩平衡条件,有

$$F \cdot l - G_1 \cdot \frac{l}{2} \cdot \cos 60° - G_2 \cdot l \cdot \cos 60° = 0.$$

解得

$$F = \frac{G_1}{4} + \frac{G_2}{2} = \frac{1.0 \times 10^3}{4} \text{ N} + \frac{5.0 \times 10^3}{2} \text{ N} = 2\,750 \text{ N}.$$

 思考与练习

1. 课本前面讲述重心的时候举过一例:架空钢索骑车的表演者,在车下方用道具悬挂一人,这个表演的整体就成了空中不倒翁,你怎样用力矩知识给予解释?

2. 如图 2.35 所示,加在自行车脚踏板上的向下的力是 15 N,求这个力的力矩.

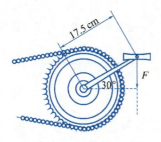

图 2.35 思考与练习 2 图

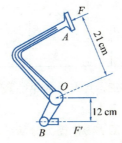

图 2.36 思考与练习 3 图

3. 图 2.36 是汽车制动器的踏板的示意图. O 是转动轴,B 端连接制动器.如果司机踏紧踏板的力 F 为 20 N,制动器的阻力 F' 为多大?

4. 以墙上的钉子为支点,把镜框架在钉子上,镜框上端用细绳系在墙上,如图 2.37 所示.试求细绳对镜框的拉力 F.已知镜框密度均匀,重力为 G,长为 l,镜框与墙的夹角为 θ,细绳跟墙面垂直.

*5. 水平地面上有一根不均匀的水泥杆,略微抬起它左端时用的力为 F_1;放下左端,略微抬起它右端时用的力为 F_2. 求证:杆重 $G=F_1+F_2$.

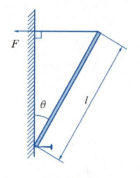

图 2.37　思考与练习 4 图

本章知识小结

一、力

1. 力的概念

物体被改变形状或被改变运动状态时,就是受到了力.

2. 力的共性

力有大小、方向、作用点这三个要素.

3. 力的运算

同一直线上的力可以用代数运算,互成角度的力运算时遵从平行四边形定则.

二、机械运动中的三种力

力的种类		大　小	方　向	作用点
重　力		$G=mg$	竖直向下	分布在物体上,可等效为全部重力集中作用在重心上
弹　力		$F=kx$	跟弹性形变的方向相反	产生弹力的两物体接触点
摩擦力	滑动	$f=\mu N$	跟相对运动（或相对运动趋势）的方向相反	分布在接触面上,可等效为全部摩擦力集中作用于接触面的一点上
	静	由平衡条件确定		

三、共点力的平衡条件

合力为零.

四、物体受力分析

对于受力图中的每个力都应回答出施力体,否则它就是无中生有的力.可以按照对力认识的由易到难的顺序,即按照重力—弹力—摩擦力的顺序来分析物体受力状态.

五、力矩

力矩表示力对物体的转动效果.力矩等于力和力臂的乘积.

六、有固定转动轴的物体的平衡条件

力矩的代数和为零.

本章检测题

一、判断题

1. 物体间力的作用是相互的. [ ]
2. 重力的大小跟质量成正比. [ ]
3. 弹簧的劲度系数跟弹力大小成正比. [ ]
4. 摩擦力一定是阻碍物体运动的. [ ]
5. 静止的物体一定受有静摩擦力. [ ]
6. 合力的大小不一定大于分力. [ ]
7. 把一个力作用在有固定转动轴的物体上,这个力不一定有转动效果. [ ]
8. 一个人用撬棍撬一个很重的物体时,他没有撬动,说明阻力矩大于动力矩. [ ]

二、画受力图

1. 如图 2.38 所示,已知小球重力为 G,光滑斜面的倾角为 α,AB 板竖直放置.画出小球的受力图.

2. 一辆小车停放在水平面上,它受到几个力的作用?是哪些物体对它的作用?

3. 用垂直于墙面的力把物体紧压在墙上保持不动,如图 2.39 所示.画出物体的受力图.

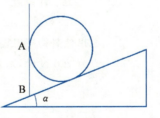

图 2.38 画受力图 1 图

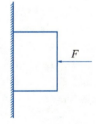

图 2.39 画受力图 2 图

三、填空题

1. 一个质量为 20 kg 的物体,它所受的重力大小为_____;如果把这个物体放在倾角为 30°的斜面上,斜面对它的支持力为_____N.

2. 一个弹簧伸长 10 cm 时能产生 100 N 的弹力,它的劲度系数为_____;当它伸长 20 cm 时,劲度系数将为_____,

弹力将为_____.

3. 滑动摩擦力是阻碍_____的.

4. 图 2.40 中 O 是杠杆的支点,图中各力对杠杆的力矩分别为 $M_1 =$ _____,$M_2 =$ _____,$M_3 =$ _____,$M_4 =$ _____.

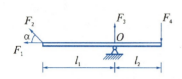

图 2.40　填空题 4 图

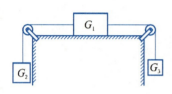

图 2.41　选择题 2 图

四、选择题

1. 下列物理量都是矢量的是　　　　[　　]

(A) 质量、重力.　　(B) 力、速度.
(C) 长度、速度.　　(D) 时间、密度.

2. 如图 2.41 所示的水平桌面上,物块重 $G_1 = 10$ N,两个定滑轮下所挂的物块重分别为 $G_2 = 6.0$ N 和 $G_3 = 4.0$ N. 当重力为 G_1 的物块保持平衡时,它所受的静摩擦力大小和方向为　　[　　]

(A) 6.0 N、向右.　　(B) 4.0 N、向左.
(C) 2.0 N、向右.　　(D) 2.0 N、向左.

3. 几个共点力作用在同一物体上,使它处于平衡状态. 若其中一个力 F 停止作用,则物体将　　[　　]

(A) 改变运动状态,合力方向与 F 的方向相同.
(B) 改变运动状态,合力方向与 F 的方向相反.
(C) 改变运动状态,合力方向无法确定.
(D) 运动状态不变.

4. 有两个共点力,一个为 40 N,另一个为 F,它们的合力为 100 N,则 F 的大小可能为　　[　　]

(A) 20 N.　(B) 40 N.　(C) 80 N.　(D) 160 N.

五、计算题

1. 如图 2.42 所示,重 500 N 的木箱被放在水平地面上,一个人用倾斜向下且与水平面成 30°夹角的推力作用在木箱上,当推力为 200 N 时,木箱做匀速运动. 求木箱所受滑动摩擦力的大小.

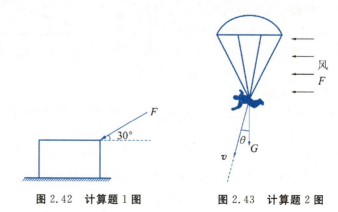

图 2.42　计算题 1 图　　图 2.43　计算题 2 图

2. 如图 2.43 所示,跳伞空降的人,由于受到水平方向的风力,而沿着与竖直方向成 θ 角的方向匀速下降.若人和伞共重 G,那么跳伞者降落时所受的空气阻力 f 和风力 F 各为多少?

3. 放在斜面上的一个物体,当斜面倾角为 θ 时,它沿着斜面匀速下滑.试证明物体和斜面之间的动摩擦因数 $\mu = \tan\theta$.

*4. 如图 2.44 所示为卷扬机的制动部件,制动块与制动轮之间的动摩擦因数为 0.3,制动轮半径为 0.25 m,位于 $l_1 = 0.4$ m 处.制动杆长 $l_2 = 1.0$ m.在杆的垂直方向作用 $F = 100$ N 的压力时,能对转动的轮产生多大的制动力矩?

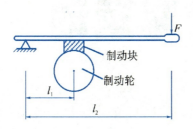

图 2.44 计算题 4 图

第 3 章

匀变速运动

在宏观世界里，所有天体都在运动，天体载着的万物也都在运动；在微观世界里，分子、原子也是在永不停息地运动着．辩证唯物主义告诉我们：运动是物质存在的形式．就是说，没有运动就没有物质，物质只能存在于运动之中．研究物质的最普遍、最基本的运动形式是物理学的任务之一．

物质的运动形式有多种．初中学过的物体匀速直线运动是所有运动种类中最简单的一种，除此之外的都是变速运动．这一章将要讲述匀变速运动，它是变速运动中最简单的一种，而且也是一种常见的运动形式．例如，苹果从树上落下来、火车的进站或出站、骑自行车沿斜坡滑行、抛出的铅球等都可看作是匀变速运动．

本章先讲述跟运动有关的一些基本概念和物理量，如位移、时刻与时间、瞬时速度和加速度等，然后利用它们来表达匀变速运动的规律．

3.1 描述运动的一些概念

宇宙万物都在运动，运动是永恒的、绝对的．但是在描述同一个物体的运动状况时,却可能因人而异.例如,一艘船在南京港停泊检修,有人说它是静止的;有人说它具有飞机一样的速度;还有人说它在遨游太空.众说不一,这些说法有道理吗?

轮船航行中的位置,可以用地理坐标的经、纬度表示.但是对于小范围内物体的运动(如物块沿斜面下滑、物体竖直下落等),采用地理坐标就不适宜了.那么,物理中用什么方法表示运动物体的位置呢?

乘火车要看"时刻表",在运动会参赛要看赛程"时间表",学校里有作息"时间表",在日常生活中"时刻"跟"时间"似乎是同义语."时刻"跟"时间"在物理中能混用吗?

本节将要回答这些问题,并且讲述一些描述运动的概念.

参考系

既然一切物体都在运动,我们研究一个物体的运动时,就必须选取另外的物体作为参考,事先假定这个另外的物体是不动的,这样才能进行研究.我们说房屋、桥梁等是静止的,行驶的汽车是运动的,这是选取地面作为参考来说的.房屋、桥梁等对地面来说位置没有发生变化,行驶的汽车对地面来说位置发生了变化.坐在行驶的火车车厢里的乘客认为自己是静止的,在车厢里走动的乘务员是运动的,这是选取车厢作为参考,乘客对车厢来说位置没有发生变化,乘务员对车厢来说位置发生了变化.研究物体的运动时,选来作为参考的物体,叫作**参考系**.

原则上,研究一个物体的运动时,参考系是可以任意选取的.观察在人行道上行走的人的运动,可以选择马路旁边的树作为参考系,也可以选择机动车道上行驶的汽车作为参考系,还可以选取太阳做参考系.但是,实际选取参考系时,往往要考虑研究问题的方便,使运动的描述尽可能简单.例如,研究太阳系的行星运动,太阳是最理想的参考系.研究地面上物体的运动,一般来说选取地面做参考系比较方便.

质 点

物体都具有大小和形状,运动中的物体上各点的位置变化一般说来是各不相同的,所以要详细描述物体的运动,并不是一件简单的事情.可是,在某些情况下,却可以不考虑物体的大小和形状,而使问题简化.在这些情形下,我们可以把物体看作一个有质量的点,或者说用一个有质量的点来代替整个物体.**用来代替物体的有质量的点叫作质点**(mass point).质点是物

> 爱因斯坦:"究竟是女孩穿短裙,还是短裙穿女孩,取决于你的参考坐标."
>
> 停泊在港口的船以地面为参照物,它是静止的;以地球自转轴为参照物,它随地球自转"坐地日行八万里",就有了跟飞机差不多的速度;若以太阳为参照物,轮船随地球绕太阳公转,它就是搭载在地球上的宇宙飞船,在遨游太空.

理学中的一个理想模型.

在什么情况下可以把物体当作质点,这要看具体情况而定.举例来说,当我们研究地球的公转时,由于地球的直径(约 $1.3×10^4$ km)比地球和太阳之间的距离(约 $1.5×10^8$ km)要小得多,因而可以忽略地球的大小和形状,把它当作质点.当研究地球的自转时,我们不能忽略地球的大小和形状,当然不能把地球当作质点了.

一个平动的物体,它的各个部分的运动情况都相同,它的任何一点的运动都可以代表整个物体的运动.在这种情况下,也可以把整个物体当作质点来看待.一辆在平直公路上行驶的汽车,车身上各部分的运动情况相同,当我们把汽车作为一个整体来研究它的运动的时候,就可以把汽车当作质点.当然,假如我们需要研究汽车的轮胎的运动,由于轮胎的各部分的运动情况不相同,那就不能把它看作质点了.

今后我们研究的物体,除非涉及转动,一般都可以看作质点,因此对物体和质点这两个词也就不予区分了.

路程和位移

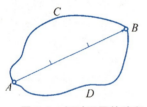

图 3.1 经过不同的路程到达同一目的地

运动物体所经过的路径的长度叫作**路程**(path),路程是标量.要到达同一个目的地,可能会走不同长短的路程.如图 3.1 所示,假定你驾车从 A 点到 B 点,利用手机导航,它会推荐给你多条路径.如果只考虑你最终位置的变动,那么不管你选择哪条路线,你的位置变化都是固定的,都是从 A 点到 B 点.可见,物体的位置变动具有这样的特点,它只跟物体的初位置与末位置有关,而与物体通过的路径无关.位置变动不但有距离大小,而且有方向.为此,我们从初位置 A 指向末位置 B 作一个矢量 $\overrightarrow{AB}$,$\overrightarrow{AB}$ 长度是矢量的大小,从 A 指向 B 就是矢量的方向,用这个矢量来表示物体位置的变动,它叫作**位移**(displacement).

> 位移这个概念的意思其实就是移位,它只表示物体相对于参考点移到什么位置.不能把位移方向片面理解为运动方向.例如,图 3.2 中的汽车从 C 调头向 A 回驶经过 B,其速度方向是从 B 指向 A,而位移(移位)方向却是从 A 指向 B.

在国际单位制中,路程和位移的单位是米,符号是 m,有时也用千米(km)、厘米(cm)作为位移的单位.

位移和路程是不同的物理量.例如,在图 3.1 中,路程可能是多条;而位移只有一个,它就是矢量 $\overrightarrow{AB}$.即使在直线运动中,位移的大小也不一定等于路程.图 3.2 表示一汽车从 A 点出发经过 B 点运动到 C 点,然后又从 C 点返回到 B 点,这时汽车的位移是矢量 $\overrightarrow{AB}$,而路程却是 AC 与 CB 的长度的总和.只有做单向直线运动的物体,位移的大小才等于路程.

图 3.2　路程不一定等于位移的大小

时刻和时间间隔

在物理学中,时刻和时间间隔虽然是两个不同的概念,然而对它们却难以给予通俗易懂的定义.本节里不研究怎样定义它们,而是介绍如何从时空关系来区分这两个概念.例如,进行长跑训练,沿途有许多检测点计时,运动员经过检测点时,秒表的示数就是时刻,路段上不同检测点时刻之差就是时间间隔.就是说,时刻跟位置对应,时间间隔跟路程对应.

1年、1秒、0.1秒都是时间.一段时间的起始时刻叫作**初时刻**,终止时刻叫作**末时刻**.例如,第2秒初和第2秒末,分别是第2秒这1秒时间的初时刻和末时刻(图3.3).第2秒初和第1秒末是同一时刻的两个不同叫法.第1秒和第2秒是时序有先后的相等时间间隔,都是1秒时间间隔.

> 在日常生活中,人们对火车时刻表和学校的作息时间表这两个表里的"时刻"和"时间"是不加区分的,可以混用(你可查阅现代汉语词典,看看是怎样定义的).但是在解答物理问题时,时刻与时间则不能混淆.按照物理意义,上述这两个表里的时、分数字表示的都是时刻,它们的间隔才是时间.

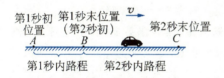

图 3.3　初时刻、末时刻

在国际单位制中,时间间隔的单位是秒,符号是 s. 比较长的时间单位有分(min)、小时(h)、年(y)等.

我们平时说的"时间",有时指的是时刻,有时指的是时间间隔,要根据上下文认清含义.

理想模型　知识研读

质点这个概念是理想化模型,是一种科学的抽象.实际物体的真实运动是很复杂的,但是研究问题不能不分主次.如果物体的大小和形状在所研究的问题中起的作用很小,就可以忽略不计.物理中有许多理想模型.例如,匀速直线运动是个理想的运动模型,现实中轨道不可能一点不弯,在任意相等时间内位移也不可能都相等;再如不计电阻的电流表,一点也不产生漫反射的平面镜……都是理想模型.

几何学中有不计大小的点、没有粗细的线和无厚薄的面这些理想模型.

没有理想模型,就无法建立科学的基本原理.

思考与练习

1. 两辆在公路上直线行驶的汽车,它们的距离保持不变.
(1) 选取什么样的参照物,两辆汽车都是静止的?
(2) 选取什么样的参照物,两辆汽车都是运动的?

2. 坐在行驶的汽车里,看到道路两旁的行人和树木向后退,这是什么原因?

3. 下列哪些运动中,可以把物体当作质点?
(1) 伞兵从高空落下;
(2) 在京沪线运行的列车,求它的平均速度时;
(3) 手表上秒针的运动;
(4) 体操运动员做技巧动作.

4. 火车时刻表中,某列常州站的始发车 21:09 开,这 21:09 是初时刻还是末时刻?如何理解?

5. 有人认为第 1 s 末跟第 2 s 初不是同一时刻,因为第 1 s 末在前,而第 2 s 初在后.如果你同意这个看法,请回答:第 1 s 加第 2 s 是否等于 2 s?如果等于 2 s,那么第 1 s 末跟第 2 s 初之间还有什么时间呢?如果二者之间没有时间,二者还有区别吗?

6. 一名同学沿着操场 400 m 跑道走了一圈,他走的路程为多少?位移大小为多少?

7. 某市在出租车改革方案中规定,"起步基准价/起步里程,普通车为 11 元/3 公里,中档车、纯电动车为 11 元/2.5 公里,高档车为 11 元/2 公里".请问上述方案中的 3 公里、2.5 公里和 2 公里指的是路程还是位移?

> 路程和时间之比只表示运动的快慢,叫作速率(speed).不少书本(包括本书)不太使用"速率"这个词,而是泛用速度.

3.2 速 度

初中已学过速度是路程跟对应时间之比,可是这个比却不能说明速度的方向.速度是矢量,在这一节里我们将要利用位移矢量来定义速度.这样定义既能表示速度的大小,又能表示速度的方向.

物体做变速运动时,各个时刻的速度都不相同,这一节还要告诉你怎样确定各个时刻的速度.

速　度

物体运动时,它的位移不断在改变.因为位移是有大小和方向的,所以我们把位移 s 跟发生这段位移所用的时间 t 之比叫作**速度**(velocity),用 v 表示,

$$v=\frac{s}{t}.$$

在国际单位制中,速度的单位是米/秒(m/s),读作米每秒,交通运输工具的速度单位常用千米/时(km/h).

例如,汽车做匀速直线运动时,在 $t=20$ s 内的位移是向东 $s=500$ m,则它的速度大小为

$$v=\frac{s}{t}=\frac{500 \text{ m}}{20 \text{ s}}=25 \text{ m/s}.$$

向东的位移方向就是速度的方向.

(想一想:例题中的这辆汽车继续前进,当位移为 1 000 m 时,它的速度是多少?)

平均速度

做直线运动的物体,如果在相等的时间内通过的位移不相等,它就是在做**变速直线运动**.物体在做变速直线运动中,位移 s 跟发生该位移所用的时间 t 之比叫作**平均速度**(average velocity),

$$\bar{v}=\frac{s}{t}.$$

变速直线运动的平均速度大小只能表示平均快慢.变速运动的物体在各段位移内的平均速度一般是不相等的,因此讲平均速度时必须指明是哪一段位移内的平均速度.

瞬时速度

物体在做变速直线运动时,它的速度是随时变化的,而平均速度只能粗略地描述物体运动的快慢情况,那么怎样才能精确地表示运动物体在某一时刻或经过某一位置时的快慢程度呢?汽车驾驶室里的速度计可以帮助司机了解汽车各个时刻的速度,如图 3.4 所示.速度计指针的示数随着汽车行驶的快慢而改变.如果指针在某一时刻指着 70 km/h,就表示汽车在这

图 3.4　速度计

一时刻的速度为 70 km/h. 从上海开往南京的高速铁路列车上，在每节车厢里都有一个电子显示屏，在显示屏上显示所在时刻的列车速度，如在 12:28 显示 298 km/h，表明列车在 12:28 末那个时刻速度为 298km/h.

运动物体在某一时刻或经过某一位置的速度叫作**瞬时速度**(instantaneous velocity).

t 这段时间初时刻的瞬时速度叫作**初速度**，用 v_0 表示；末时刻的瞬时速度叫作**末速度**，用 v_t 表示.

在实验室中测量直线运动的瞬时速度，则是用测量非常短时间内的平均速度来代替. 设 t_0 时刻的位移为 s_0，t 时刻的位移为 s，在 $\Delta t = t - t_0$ 这段时间内位移的改变量为 $\Delta s = s - s_0$. 如果 Δt 非常小，那么这段时间内的速度变化就可以忽略，则该时段内的平均速度

$$\bar{v} = \frac{\Delta s}{\Delta t}$$

就可以近似作为物体在 t_0 时刻的瞬时速度. Δt 选取 1 ms 就比选取 10ms 的测量精度高. 可以设想，当选取的 Δt 极其小的时候，$\frac{\Delta s}{\Delta t}$ 也就是极其近似于 t_0 时刻的瞬时速度了，这就是理论上对瞬时速度的说明. 而对于匀速直线运动，不论 Δt 取值如何，$\frac{\Delta s}{\Delta t}$ 的值是不变的，即匀速直线运动的平均速度等于瞬时速度.

思考与练习

1. 京沪高铁由北京南站至上海虹桥站，全长 1 318 km，复兴号列车跑完全程最快用时 4 小时 28 分. 列车最快速度为 350 km/h，这个速度是平均速度还是瞬时速度？

2. 你在荡秋千时，秋千每次到达最高点时你有什么感觉？此时的瞬时速度是多少？为什么？（提示：从秋千运动方向的变化考虑这个问题.）

3. 在速度为 v 的匀速直线运动中，
（1）各段时间内的平均速度为多少？
（2）整个运动过程中的平均速度为多少？
（3）每一时刻的瞬时速度为多少？

4. 两辆汽车从同一地点出发做匀速运动，一辆向南行驶，一辆向东行驶，每秒的位移都为 10 m. 这两辆汽车的速度是否

相同？速率是否相同？

5. 匀速直线运动的速度 $v=\dfrac{s}{t}$，变速直线运动的平均速度 $\bar{v}=\dfrac{s}{t}$．这两个公式等号右边都是 $\dfrac{s}{t}$，物理意义有何不同？

6. 一人骑自行车沿坡路下行，第 1 s 内的位移为 1 m，第 2 s 内的位移为 3 m，第 3 s 内的位移为 5 m．求：

(1) 前 2 s 内的平均速度；

(2) 后 2 s 内的平均速度；

(3) 3 s 运动时间内的平均速度．

3.3 加速度

同窗远去，惜别依依．若在火车站送行，你能够沿着站台跟随启动的火车，挥手送行一小段路程；而在高速公路的停车休息区告别友人时，你就只能站在原地挥挥手了．因为启动后，火车需用较多的时间才能达到的速度，汽车用较少的时间就达到了．

空战中歼击机相追击时，谁能在比对方短的时间内使速度增加到大于对方，它就有空中优势．

有心脏病的人不宜乘高速电梯，因为他的心脏难以承受电梯启动或制动时很短时间内速度较大的变化．

从上面几个例子可以看出，不同的变速运动中，物体速度变化剧烈程度不同，这是由速度变化的大小和所用时间的长短共同决定的．本节要讲述怎样定量地描述速度变化的剧烈程度．

匀变速直线运动

瞬时速度不断改变的运动是变速运动，其中匀变速直线运动是最简单的变速运动．举两个例子，在表 3.1 中给出了一列火车和一辆汽车从静止开始沿直线运动的 4 s 内，每秒末的瞬时速度．从表中可知，火车每经过 1 s，速度增加 0.3 m/s；汽车每经过 1 s，速度增加 3.5 m/s．它们各自速度都是均匀变化的．

> 伽利略(1564—1642)是首先认真研究变速运动的物理学家,他就是从最简单的变速运动着手的.他设想,最简单的变速运动的速度应该是均匀变化的.但是,速度的变化怎样才算均匀呢?他考虑了两种可能:一种是速度的变化对时间来说是均匀的,即经过相等的时间,速度的变化相等;另一种是速度的变化对路程来说是均匀的.伽利略断定第一种方式最为简单,并且用实验研究了斜面上滚下来的铜球,证明这种运动方式在自然界中是的确存在的.

表 3.1 火车和汽车的瞬时速度

时刻(每秒末)	第1s末	第2s末	第3s末	第4s末
火车速度 $v_火$/(m·s^{-1})	0.3	0.6	0.9	1.2
汽车速度 $v_汽$/(m·s^{-1})	3.5	7.0	10.5	14

在一条直线上运动的物体,如果在相等的时间里速度的变化(增加或减少)相等,物体的运动就叫作匀变速直线运动.

加速度

从表 3.1 中可以看出,做匀变速直线运动的火车 1 s 内速度的变化是 0.3 m/s,2 s 内速度的变化是 0.6 m/s,平均 1 s 内速度的变化是 0.3 m/s;无论选多少时间,火车速度的变化跟对应的时间之比都是 $\dfrac{0.3 \text{ m/s}}{\text{s}}$,平均 1 s 内速度变化总是 0.3 m/s,它表示了火车速度变化的快慢.表 3.1 中汽车速度变化的快慢总是 $\dfrac{3.5 \text{ m/s}}{\text{s}}$,比火车速度变化得快.

在匀变速直线运动中,速度的变化和所用时间的比值,叫作匀变速直线运动的加速度(acceleration).

用 v_0 表示运动物体开始时刻的速度(初速度),用 v_t 表示经过一段时间 t 的速度(末速度),用 a 表示加速度,那么,

$$a = \frac{v_t - v_0}{t}.$$

由上式可以看出,加速度在数值上等于单位时间内速度的变化.

加速度的单位是由时间的单位和速度的单位确定的.在国际单位制中,时间的单位是秒,速度的单位如果用 m/s,加速度的单位就是 m/s²,读作米每二次方秒.

加速度不但有大小,而且有方向,因此是矢量.在直线运动中,取开始运动的方向作为正方向时,即取 v_0 为正值.在这种情形下,如果 $v_t > v_0$,a 是正值,表示加速度的方向与初速度的方向相同;如果 $v_t < v_0$,a 是负值,表示加速度的方向与初速度的方向相反.

在匀变速直线运动中,加速度矢量是恒定的,它的大小和方向都不改变,匀变速直线运动是加速度矢量恒定的运动.

表 3.2 列出了一些物体运动的加速度.

表 3.2　物体运动的加速度　（单位：m/s²）

旅客列车(加速)	0.35 左右	汽车急刹车	−4.0～−6.0
竞赛汽车(加速)	4.5 左右	喷气式飞机着陆	−5.0～−8.0
炮弹在炮筒内	$5×10^5$ 左右	跳伞者着地	−24.5

例 1　做匀变速直线运动的和谐号动车组在 50 s 内速度从 200 km/h 增加到 280 km/h,和谐号动车组的加速度的大小是多少？沿什么方向？

分析与解答　$v_0=200$ km/h≈55.6 m/s,$v_t=280$ km/h≈77.8 m/s,$t=50$ s,代入公式,求得

$$a=\frac{v_t-v_0}{t}=\frac{77.8-55.6}{50}\text{ m/s}^2≈0.44\text{ m/s}^2.$$

和谐号动车组做匀加速运动,a 为正,a 与 v_0 方向相同.

例 2　以 12 m/s 的速度匀速行驶的汽车,突然紧急刹车,经过 2 s 停止.求这辆汽车加速度的大小和方向.

分析与解答　$v_0=12$ m/s,$v_t=0$,$t=2$ s,代入公式,求得

$$a=\frac{v_t-v_0}{t}=\frac{0-12}{2}\text{ m/s}^2=-6\text{ m/s}^2.$$

汽车做匀减速运动,a 为负值,表示加速度的方向跟汽车速度的方向相反.

速度与加速度　知识研读

速度与加速度是描述运动的两个重要概念,掌握好它们,是学好本章知识的关键.

速度是描述物体位移变化快慢的物理量,它是位移 s 跟对应的时间 t 之比 $v=\frac{s}{t}$.位移大(或小)速度不一定大(或小),因为速度还取决于产生这段位移所用时间的多少.

加速度是描述物体速度变化快慢的物理量,它是速度的变化跟对应的时间之比 $a=\frac{v_t-v_0}{t}$.速度的大小或速度变化的快慢都不能决定加速度的大小.如果物体做匀速直线运动,无论它的速度有多大,由于速度没有变化,加速度为零;物体做匀变速直线运动时,虽然由于速度变化而有了加速度,但是速度变化大(或小)加速度不一定大(或小),因为加速度还取决于速度

变化所用的时间多少.

总之,对速度、加速度的理解都离不开对应的时间,它们都是对时间求平均值——每秒内的位移、每秒内的速度变化量.忽略时间,就会导致"位移大,速度一定大""速度大,加速度一定大""速度变化量大,加速度一定大"等概念性错误.

速度和加速度都是矢量,在不返回的直线运动中,速度的方向就是位移的方向,而加速度的方向可能跟速度的方向相同,也可能跟速度的方向相反.当加速度的方向跟速度的方向相同时,速度增大;当加速度的方向跟速度的方向相反时,速度减小.

思考与练习

1. 判断下列说法是否正确.(回答本题之前,宜阅读"速度与加速度"的知识)

做直线运动的物体:

(1) 若速度大,加速度一定大;

(2) 若加速度大,速度改变量一定大;

(3) 加速度方向一定是运动方向;

(4) 加速度为零时,物体可能做匀速运动;

(5) 加速度为零时,速度一定为零;

(6) 若速度变化快,加速度就大.

2. 高楼中的升降电梯,由低层向上加速启动的过程中,加速度方向为_____;将达到高层而减速直至停止的过程中,加速度方向为_____.电梯由高层向下加速启动的过程中,加速度方向为_____;将达到低层而减速直至停止的过程中,加速度方向为_____.(填"向上"或"向下")

3. 火车从车站开出,5 min 末的速度为 15 m/s. 求火车的加速度.

4. 速度为 18 m/s 的火车,制动后 15 s 内停止运动. 求火车的加速度.

5. 汽车紧急刹车时,加速度的大小为 5 m/s²,汽车原来的速度为 10 m/s,问刹车后经多长时间汽车停止运动?

3.4 匀变速直线运动的规律

匀变速直线运动中,瞬时速度和位移随时间变化的规律,可以用函数图像表示,也可以用公式表示.用图像表示时有数形结合的直观性,运动的过程在图中一目了然,有时运用一次函数的直线图像解答问题比较方便.但是匀变速直线运动涉及的物理量较多,用公式表示它们之间的多种函数关系和进行解题运算,仍然是我们解答问题的主要方法.本节将分别用速度图像和一些公式表达匀变速直线运动的规律.

匀速直线运动的速度图像

速度图像横轴 t 上的点表示末时刻,横轴上的 1 s 就是 1 s 末,两点之间的 t 轴长度表示时间;纵轴上的点表示瞬时速度.

匀速直线运动的速度图像是平行于横轴的直线.例如,汽车以 15 m/s 的速度匀速行驶,这辆汽车的速度-时间图像如图 3.5 所示.

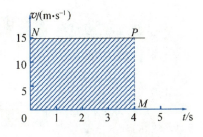

图 3.5 汽车的速度图像

根据速度图像,不但可以知道各个时刻物体的速度,还可以求出在某段时间内物体的位移.做匀速直线运动物体的位移等于速度和时间的乘积,即

$$s = vt.$$

在图 3.5 中,M 点的横坐标(时间)与 N 点的纵坐标(速度)的乘积,在数值上表示运动物体在 4 s 内的位移,同时它又是 PM 和 PN 与横坐标轴和纵坐标轴所围长方形的面积.由此可见,在速度-时间图像上,位移的大小等于速度-时间图像所包围的面积大小.理论可以证明,这个结论不仅适用于匀速直线运动,还适用于变速运动.

匀变速直线运动的速度图像

匀变速直线运动的速度公式可以从加速度的定义得出.由公式 $a = \dfrac{v_t - v_0}{t}$,得

$$v_t = v_0 + at.$$

如果已知某个物体运动的初速度和加速度,就可以求出物体在任意时刻的速度.

在匀变速直线运动中,速度和时间的关系用图像表示时,式 $v_t = v_0 + at$ 中 v_t 是 t 的一次函数,所以它的速度-时间图像(v-t 图像)是一条直线,如图 3.6 所示.

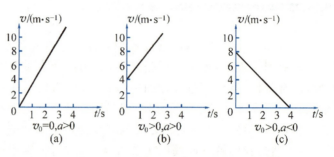

图 3.6　物体做匀变速直线运动的速度-时间图像

利用 v-t 图像可以求出质点在任一时刻的瞬时速度,还可以求出达到某一速度所需的时间以及利用图线下的面积求位移.

速度与时间的关系

上面已从加速度的定义式得出匀变速直线运动的速度公式:

$$v_t = v_0 + at.$$

> $v_t = v_0 + at$ 这个公式,也可以根据加速度 a 的物理意义得出来.因为 a 表示单位时间内速度的改变量,将 a 扩大 t 倍的 at 就是 t 时间内的速度改变量. at 与初速度 v_0 相加,则得 t 时间末的速度 v_t.

位移与时间的关系

因为速度-时间图像下的面积等于位移的大小,匀变速直线运动的速度-时间图像如图 3.7 所示,所以位移 s 的大小为梯形面积,即

$$s = \frac{v_0 + v_t}{2} t,$$

把前面已经得出的 $v = v_0 + at$ 代入,得到

$$s = v_0 t + \frac{1}{2} a t^2.$$

这就是表示匀变速直线运动的位移与时间关系的公式.

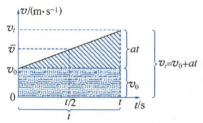

图 3.7　匀变速直线运动的速度-时间图像

速度与位移的关系

因为 v_t 与 s 都是 t 的函数,所以 v_t 与 s 也有函数关系.将 $t = \dfrac{v_t - v_0}{a}$ 代入 s 的函数式中,消去中间变量 t,就可得到 v_t 与 s 的关系式:

$$v_t{}^2 - v_0{}^2 = 2as.$$

上式不含有时间 t,直接表明了初速度、末速度、加速度和位移之间的关系,在有些问题中用起来比较方便.

几点说明:

(1) 一个质点的匀变速直线运动过程,涉及 v_0、v_t、a、s、t 五个量,虽然有好几个公式可供选用,但是其中非同解方程只有两个.因此解题时,必须先找出三个已知量,才能求解其他两个未知量.

(2) 由于求解匀变速直线运动问题有好几个同解方程可供选用,因而常能一题多解.

(3) 由于匀变速直线运动 $\bar{v} = \dfrac{v_0 + v_t}{2}$,因此用 $s = \bar{v}t$ 求位移是很简便的运算,它无须用到 a 的值.

例 3 火车以 5 m/s 的初速度在平直的铁轨上匀加速行驶 500 m 时,速度增加到 15 m/s.火车通过这段位移需要多长时间?

分析与解答

解法 1:虽然速度公式 $v_t = v_0 + at$ 和位移公式 $s = v_0 t + \dfrac{1}{2} at^2$ 这两个公式都含有待求的 t,但是由于命题中没有给出 a,所以每个公式都含有 a 和 t 这两个未知数,为此必须列出联立方程:

$$\begin{cases} v_t = v_0 + at, & \text{①} \\ s = v_0 t + \dfrac{1}{2} at^2. & \text{②} \end{cases}$$

由式①得 $at = v_t - v_0$,代入式②,得

$$s = v_0 t + \frac{1}{2} at^2 = v_0 t + \frac{1}{2}(v_t - v_0)t = \frac{1}{2}(v_0 + v_t)t,$$

$$t = \frac{2s}{v_0 + v_t}.$$

代入数据,得

$$t = \frac{2s}{v_0 + v_t} = \frac{2 \times 500}{5 + 15} \text{ s} = 50 \text{ s}.$$

解法 2:用平均速度公式求解,可避免解联立方程.

$$\bar{v} = \frac{v_0 + v_t}{2} = \frac{5 + 15}{2} \text{ m/s} = 10 \text{ m/s},$$

$$t = \frac{s}{\bar{v}} = \frac{500}{10} \text{ s} = 50 \text{ s}.$$

思考与练习

1. 匀速直线运动跟匀变速直线运动的速度-时间图像有什么区别?

2. 一个质点在 10 s 内运动的过程如图 3.8 所示,

(1) 试述质点在前 4 s 内做什么运动? 从第 4 s 末至第 8 s 末做什么运动? 最后 2 s 内做什么运动?

(2) 求出上述各时段内的加速度大小;

(3) 利用速度-时间图像下的面积,求质点在 10 s 内的位移大小.

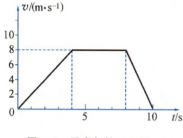

图 3.8 思考与练习 2 图

3. 一质点做匀变速直线运动,它的速度方程为 $v_t = 6 - 2t$.

(1) 质点的初速度是多少? 加速度的大小是多少?

(2) 第 2 s 末质点的速度是多少?

(3) 经过多少时间质点停止运动?

4. "长征二号"火箭点火升空时,经过 3 s 速度达到 38 m/s. 求它 3 s 内上升的高度和升空时的加速度.

5. 在市区,若汽车急刹车时,轮胎与路面擦痕(刹车距离)超过 10 m,行人就来不及避让,因此要限速. 刹车加速度大小按 6 m/s² 计算,限速路牌要标多少千米每小时?

6. 一人骑自行车做匀加速直线运动,加速度为 1.5 m/s². 此人经过多远距离,自行车的速度由 2.0 m/s 增加到 5.0 m/s?

7. 火车制动后经过 20 s 停下来,在这段时间内火车前进了 120 m. 求:

(1) 火车开始制动时的速度;

(2) 火车的加速度的大小.

8. 汽车以 60 km/h 的速度匀速行驶,经过一座工厂大门时开始减速,加速度的大小为 1 m/s². 10 s 后汽车经过一所学校的大门,求:

(1) 汽车经过学校大门时的速度;

(2) 工厂与学校之间的距离.

*9. 试证明,初速度为零的匀变速直线运动,在各个连续相等的时间内位移之比为 1∶3∶5∶7∶9∶⋯.

3.5 自由落体运动

"物体越重,下落得越快",这是公元前 4 世纪希腊哲学家亚里士多德所认定的物重跟下落速度之间的因果关系.尽管后人有时也对此产生疑虑,比如轻重不同的大、小石块下落时,似乎快慢没有区别,但是在古代用实验测量来检验是很困难的,更何况这是哲学家的论断,以至亚里士多德的看法一直被人们信奉了 2 000 多年.

到了 17 世纪,虽然伽利略仍然无法用精确的实验来质疑,但是他用智慧巧妙地对亚里士多德的结论进行了"两难推理".他设想把大石头和小石头连成一体,运用亚里士多德的论断作为前提,来推理这个连体的下落速度:一方面,连体因为被小石头拖累,下落速度会变慢;另一方面,由于连体比大石头重,下落的速度应变快.这个推理的过程没有错,但是却得出了连体既变慢又变快互相矛盾的结论,因此可知被用于推理的前提"物体越重,下落得越快"是错误的.

我们通常看到在空气中石块比纸片下落得快,这又如何解释呢?

自由落体运动

挂在线上的重物,如果把线剪断,它就沿着竖直方向下落.从手中释放的小石块,也沿着竖直方向下落.观察表明,初速度为零的物体只在重力作用下是沿直线做下落运动的.

在空气中,石块比纸片的下落快得多,这是因为空气阻力的影响.如果排除空气阻力,又怎样呢?如图 3.9 所示是一根长约 1.5 m、一端封闭、另一端有抽气阀门的玻璃筒.把形状和质量都不同的一些物体,如金属片、小羽毛、小软木塞等,放进这个玻璃筒里,把玻璃筒里的空气抽出去,再把玻璃筒倒立过来,可以看到,这些不同的物体下落的快慢是相同的.

物体只在重力作用下从静止开始下落的运动,叫作自由落体运动.严格说来,这种运动只有在没有空气的空间才能发生.在有空气的空间,如果空气阻力的作用比重力小很多时,空气阻力可以忽略不计,物体的下落也可近似看成自由落体运动.

图 3.9 抽去空气的玻璃筒中的物体下落

只是在有空气阻力的情况下,一般重的物体会比轻的物体下落得快,但是亚里士多德没有认识到这一点,因此他做出的"物体越重,下落得越快"这个论断是片面的.

图 3.10 小球做自由落体运动时的闪光照片

图 3.10 是小球做自由落体运动时的闪光照片,照片上相邻的像是相隔 $\frac{1}{30}$ s 的时间拍摄的. 观察照片,可以看出在相等的时间间隔内,小球下落的位移有一定的比例关系(见 3.4 节中思考与练习第 9 题),这证实了伽利略早在 17 世纪就做出的论断:**自由落体运动是初速度为零的匀加速直线运动**.

自由落体加速度

因为在同一地点,从同一高度自由下落的不同物体,同时到达地面. 根据匀变速直线运动的位移与时间的公式 $s=v_0t+\frac{1}{2}at^2$ 可知,在同一地点,一切物体在自由落体运动中的加速度都相同,加速度跟它们的质量、大小或形状无关. 这个加速度叫作**自由落体加速度**,又叫作**重力加速度**(acceleration of gravity),通常用 g 来表示.

重力加速度的方向总是竖直向下的. 它的大小可以用实验的方法来测定,在地球上不同的地方,g 的大小略有不同. 表 3.3 列出了地球上不同纬度处的重力加速度.

表 3.3 地球上不同纬度处的重力加速度

地点	赤道	广州	上海	北京	北极
纬度	0°	23°06′	31°12′	39°56′	90°
重力加速度 $g/(\mathrm{m\cdot s^{-2}})$	9.780	9.788	9.794	9.801	9.832

纬度越大的地方,重力加速度的值越大. 在同一纬度处,海拔越高的地方,重力加速度的值越小. 就是说,离地心越近的地方 g 值越大,离地心越远的地方 g 值越小. 在通常的计算中,g 取 9.8 m/s²;在粗略的计算中,g 可以取 10 m/s².

> **例 4** 物体在其他星球上跟在地球上一样可以做自由落体运动,但是不同的星球上有不同的重力加速度. 例如,让小球在月球上自由下落时,第 1 s 内落下 0.81 m,求月球上的重力加速度 $g_{月}$.

分析与解答 由于已知物体下落的高度 h 和下落的时间 t,而自由落体的初速度为 0,由位移公式 $s=v_0t+\frac{1}{2}at^2$ 可求得重力加速度,所以

$$g_{月}=\frac{2h}{t^2}=\frac{2\times 0.81}{1^2}\ \mathrm{m/s^2}=1.62\ \mathrm{m/s^2}.$$

例5 一个小石块从静止开始落下,经过 2 s 到达地面,它在第 2 s 末的速度和 2 s 内下落的高度各是多少?

分析与解答 小石块下落可以看作是自由落体运动,加速度为 g. 可运用速度及位移公式求解.

第 2 s 末的速度为

$$v_t = gt = 9.8 \times 2 \text{ m/s} = 19.6 \text{ m/s}.$$

2 s 内下落的高度为

$$h = \frac{1}{2}gt^2 = \frac{1}{2} \times 9.8 \times 2^2 \text{ m} = 19.6 \text{ m}.$$

伽利略对自由落体运动的研究

伽利略是意大利物理学家、天文学家和数学家(图 3.11). 自由落体运动是初速度为零的匀加速直线运动,是伽利略首先发现的.

揭露矛盾,巧妙论证

公元前 4 世纪,希腊哲学家亚里士多德最早提出他的看法:物体下落的快慢是由它们的轻重决定的,物体越重,下落得越快. 在其后 2 000 多年的时间里,人们一直信奉他的学说.

伽利略对每一事物一定要经过仔细推敲,才能接受,决不盲从权威. 他认真研究了自由落体运动,1638 年他写下了《两种新科学的对话》一书,书中有一段精彩的话:

"……甚至不需要做进一步的实验,就可以用一个简短而能令人信服的论证来清楚地证明重物体下落得不会比轻物体快……如果把两个自然速率不同的物体连在一起,那么快的会由于被慢的拖着而减速,慢的会由于被快的拖着而加速……如果这是对的,那么我们取一块大石头,如它的下落速率为 8,取一块小石头,下落速率为 4,将它们拴在一起,整个系统的下落速率应该小于 8. 但是两块石头拴在一起要比以前的那个速率为 8 的石头重."

图 3.11 伽利略

由重物体比轻物体下落得快的假设,推出了一个与其相矛盾的结论——重物体比轻物体下落得慢. 这样,伽利略揭露了亚里士多德学说的自相矛盾,巧妙地论证了重物体不会比轻物体下落得更快.

抓住主要现象，科学推测

在自然界，轻重不同的物体在空气中从同一高度下落，事实上并不是准确地同时落地。伽利略在观察自然现象中，抓住主要现象进行科学推测，他认为这些物体落到地面的时间稍有差别是次要问题，重要的是要看到它们"几乎同时"落地。他相信在深入研究落体运动时会证实，不同的物体落到地面的时间有差别是由于空气阻力的影响引起的。后来在真空的管子里做的实验证明了伽利略的这个推测是正确的。

大胆设想，数学分析

重物在下落过程中速率不断增加，但是速率的增加有什么规律呢？在《两种新科学的对话》中，伽利略提出了大胆的设想："……当我观察一块原来静止的石块从高处落下速率连续增加时，为什么我不应该相信速率的增加是以一种最简单，也是人们最容易理解的方式在进行呢？"他认为这种最简单、最容易为人们所理解的运动方式就是从重物下落开始，在相等的时间间隔内速率的增加是相等的，即初速度为零的匀加速直线运动。

伽利略通过数学分析，断定初速度为零的匀加速直线运动的末速度应该与下落的时间成正比，即

$$\frac{v_t}{t}=常量;$$

通过的距离应该与下落的时间的平方成正比，即

$$\frac{s}{t^2}=常量.$$

科学实验 推理求证

在伽利略研究落体运动的年代，人们还只是靠滴漏计时的，因此他不可能直接测量出瞬时速度来验证自己的结论，而是采用了间接验证的方法。为了便于用当时简单的工具计时，他让一个铜球从阻力很小、倾角很小的斜面滚下。多次实验的结果表明，让球从不同的位置滚下（图 3.12）时，它通过的位移跟所用的时间的平方之比保持不变，即 $\frac{s_1}{t_1^2}=\frac{s_2}{t_2^2}=\frac{s_3}{t_3^2}=\cdots=$ 常量。选用不同质量的球，让它们沿同一斜面滚下，测得的位移跟对应时间平方之比依然不变。由此可以说明，小球沿光滑斜面（阻力很小）所做的运动是跟质量无关的匀变速直线运动。

伽利略在能够测量出时间的前提下，尽量增大斜面的倾

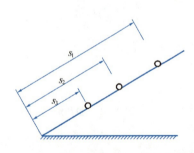

图 3.12 让球从不同高度滚下

由于认识难免有局限性，用外推法得出的结论并不一定都是正确的，它还需经过实验验证。例如，图 3.10 中闪光照片显示的数据，就是对 $\frac{s}{t^2}=$ 常量的直接实验验证。

角,重复上述实验,结果表明 $\frac{s}{t^2}$ 的值随斜面倾角的增大而增大,但是对于同一斜面 $\frac{s}{t^2}$ 保持不变.

伽利略运用自己的实验结果进行推理:既然随着斜面倾角的增大,$\frac{s}{t^2}$＝常量均成立,那么当倾角增大到 90°（做自由落体运动）时,仍应是常量.他从小球沿斜面运动外推到落体运动是很巧妙的外推法,这是科学实验与抽象思维相结合的科学方法.这种方法对于后来的科学研究具有重大的启蒙作用.例如,初中物理讲过的牛顿第一定律,它也是由外推法得出的.

思考与练习

1. 下面的几个落体中,哪些可看成做自由落体运动?
(1) 伞兵开伞后从空中落下;
(2) 熟苹果从树枝落下;
(3) 一张纸片从手中落下;
(4) 把一张纸片捏成很小的纸团后,从手中落下.

2. 为了测出井口到井内水面的深度,让一个小石块从井口下落,经过 2.0 s 后听到石块落到水面的声音.求井口到水面的深度.(不考虑声音传播所用的时间)

3. 一小球由静止开始自由下落,试确定它在第 1 s 末、第 2 s 末和第 3 s 末时的速度和由静止开始 1 s 内、2 s 内、3 s 内下落的位移.

*4. 做自由落体运动的物体经过空中 A、B 两点时的速度分别为 20 m/s 和 40 m/s. 求:(g 取 10 m/s²)
(1) A、B 两点的距离;
(2) 物体经过 A、B 两点所用的时间.

3.6 平抛运动

在长江边乘轮渡船过江的时候,虽然看着船头直指对岸,但是到达对岸时却发现登陆地点已经向下游偏移了.淮海战役中,敌军被分割包围,敌军飞机向被围困的部队空投给养时,饥饿的士兵们常常是眼巴巴地看着物资落到了解放军的阵地上.这些都是什么原因呢?

运动的合成

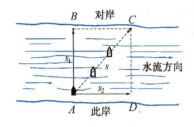

图 3.13 轮船渡河

轮船渡河时(图 3.13),假如水静止不流动,而轮船在静水中沿 AB 方向行驶,那么经过一段时间轮船将从 A 点运动到 B 点;假如轮船没有开动,而河水在流动,那么轮船将随河水向下游运动,经过相同的一段时间,轮船将从 A 点运动到 D 点.现在轮船在流动的河水中行驶,它必然同时参与上述两个运动.经过这段时间将从 A 点运动到 C 点.轮船从 A 点到 C 点的运动,就是上述两个分运动的合运动.

已知分运动的情况,求合运动,叫作**运动的合成**.

平抛运动

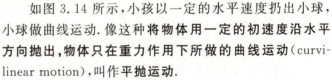

图 3.14 平抛运动

如图 3.14 所示,小孩以一定的水平速度扔出小球,小球做曲线运动.像这种**将物体用一定的初速度沿水平方向抛出,物体只在重力作用下所做的曲线运动**(curvilinear motion),叫作**平抛运动**.

下面我们用运动的合成来分析平抛运动.假如物体不受重力的作用,物体在水平方向上将以抛出时的初速度做匀速直线运动;假如物体不具有初速度,物体受重力作用将沿竖直方向做自由落体运动.现在物体同时参与了上述两个运动,所以平抛运动可以看作是由两个分运动合成的:一个是水平向前的匀速直线运动,另一个是竖直向下的自由落体运动.

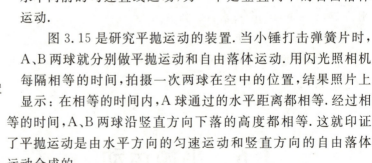

图 3.15 研究平抛运动的装置

图 3.15 是研究平抛运动的装置.当小锤打击弹簧片时,A、B 两球就分别做平抛运动和自由落体运动.用闪光照相机每隔相等的时间,拍摄一次两球在空中的位置,结果照片上显示:在相等的时间内,A 球通过的水平距离都相等.经过相等的时间,A、B 两球沿竖直方向下落的高度都相等.这就印证了平抛运动是由水平方向的匀速运动和竖直方向的自由落体运动合成的.

平抛运动的公式

既然平抛运动可以看作是水平向前的匀速运动和竖直向下

的自由落体运动的合成,就可以在直角坐标系中,分别求出平抛物体经过任一段时间通过的水平距离 x 和下落的高度 y,即

$$x = v_0 t,$$
$$y = \frac{1}{2} g t^2.$$

根据以上两个公式求出任一时刻 t 物体的位置,用平滑曲线把这些位置连接起来,就得到平抛运动的轨迹. 这个轨迹是一条抛物线,如图 3.16 所示. 物体在平抛运动中,加速度 g 的大小和方向始终保持不变,所以平抛运动属于匀变速运动,是匀变速曲线运动.

> 对运动进行分类,就是根据加速度来划分的. 加速度为零是匀速直线运动;加速度保持不变是匀变速运动,它包括匀变速直线运动、平抛运动和斜抛运动(斜抛运动本书中不做叙述,有兴趣的读者可自行查阅相关资料);加速度变化的运动是非匀变速运动,以后章节中将要讲述.

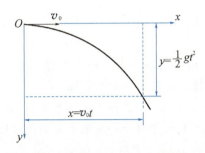

图 3.16　物体做平抛运动的轨迹

> 平抛是忽略空气影响的理想运动. 实战中飞机空投时,要根据高度、航速、空气阻力和风向、风力进行综合测算,才能得出空投的高度和时间. 飞机为了躲避高射枪、炮,空投时不能飞得太低;而飞高了,风的干扰就更大,容易误投.

例 6　飞机在离地面 810 m 的高空以 60 m/s 的速度水平飞行,要使飞机上投下的炸弹落在指定的目标上,应该在离轰炸目标的水平距离多远的地方投弹? 空气阻力不计,g 取 10 m/s².

分析与解答　如图 3.17 所示,从水平飞行的飞机上落下的炸弹做平抛运动. 在炸弹开始下落到击中目标的时间 t 内,炸弹的竖直位移是 $y = \frac{1}{2} g t^2$,水平位移是 $x = v_0 t$,x 就是题目所要求的水平距离.

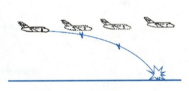

图 3.17　例 6 图

由 $y = \frac{1}{2} g t^2$ 得

$$t = \sqrt{\frac{2y}{g}} = \sqrt{\frac{2 \times 810}{10}} \text{ s} = 9\sqrt{2} \text{ s},$$

故

$$x = v_0 t = 60 \times 9\sqrt{2} \text{ m} \approx 764 \text{ m}.$$

飞机应该在离轰炸目标的水平距离为 764 m 的地方开始投弹,才能击中目标.

思考与练习

1. 先让甲球从水平桌面滚落到地上,再让乙球也从该桌面滚落,发现乙球的落点比甲球远一些.那么哪个球原来在桌面上的速度较快?为什么?

2. 甲、乙两物体从同一高度分别以初速度 $v_甲$ 和 $v_乙$ 水平抛出,且 $v_甲 > v_乙$,它们落地时沿水平方向前进的距离 x 和下落所用的时间 t 为　　　　　　　　　　　　　　　[　　]
(A) $x_甲 > x_乙, t_甲 > t_乙$.　　　(B) $x_甲 = x_乙, t_甲 = t_乙$.
(C) $x_甲 > x_乙, t_甲 = t_乙$.　　　(D) $x_甲 = x_乙, t_甲 > t_乙$.

3. 从 1.6 m 高处水平射出一颗子弹,初速度为 700 m/s. 求子弹水平飞行的距离.(不计空气阻力)

4. 一个小球从 1.0 m 高的桌面水平滚出,它落地点距桌边缘水平距离为 2.4 m. 求这个小球滚出桌面的初速度.

 简易测速度

为了测量运动速度,必须测量时间和距离.这里请你想一想:如果不用秒表,只凭一根直尺,能否测出玩具手枪子弹的出枪口速度?动手试一试,怎样间接测出运动时间?

 本章知识小结

一、对运动的基本认识

1. 运动是绝对的

物质存在于运动之中,运动是绝对的.

2. 对运动的描述是相对的

我们所描述的运动都是相对于参照物而言的.

3. 理想模型

为了简化问题,突出主要矛盾,理论研究常以理想模型为对象来进行.质点是忽略物体形状和大小的实体物质理想模型;自由落体运动和平抛运动是忽略空气阻力的理想运动模型.

4. 运动的时空联系

物体运动都是在时间和空间里进行的,时空是不可分割的.运动的路程跟时间对应,运动经过的位置跟时刻对应.

二、描述运动性质的两个物理量

1. 速度

它是位移跟通过该位移所用的时间之比.在一直向前不返回的直线运动中,质点所通过的位移方向就是速度的方向.从数学求平均值的角度来说,速度就是所通过的位移对时间求平均;通常把极其短时间内求出的这种平均值叫作瞬时速度;把不是极其短时间内求出的这种平均值叫作平均速度.

(1) 平均速度.匀速直线运动的平均速度不随所选时间的不同而改变,它是个不变的比值.变速运动的平均速度随所选时间的不同而改变.

(2) 瞬时速度.匀速直线运动的瞬时速度保持不变.变速运动的瞬时速度时刻在改变.

2. 加速度

它是速度的改变量跟对应的时间之比,是速度的改变量对时间求平均.它表示每秒内速度变化多少.

加速度是矢量.以初速度为参考方向(正方向),物体做匀加速直线运动时,加速度为正,加速度的方向跟初速度的方向相同;物体做匀减速直线运动时,加速度为负,加速度的方向跟初速度的方向相反.

加速度大小和方向保持不变的运动叫作匀变速运动,它包括匀变速直线运动、平抛运动和斜抛运动.

三、匀变速直线运动的规律

匀变速直线运动共涉及 v_0、v_t、a、s、t 五个物理量,必须已知其中三个量,才能用公式求解另外两个未知量.可供选择的公式为

$$v_t = v_0 + at, (不含 s)$$

$$s = v_0 t + \frac{1}{2} at^2, (不含 v_t)$$

$$v_t^2 = v_0^2 + 2as, (不含 t)$$

$$\bar{v} = \frac{s}{t} = \frac{v_0 + v_t}{2}. (不含 a)$$

在这四个公式中,$\frac{s}{t} = \frac{v_0 + v_t}{2}$ 跟其他三个公式明显不同之处是它不含 a.因此,当命题中 a 为未知条件时,运用该式就可避免求解联立方程,而且该式是一次方程,运算比较简便.

四、自由落体运动

自由落体运动是 $v_0=0$ 和 $a=g$ 的竖直方向的匀变速直线运动.

五、平抛运动

平抛运动是两个分运动的合成:水平方向以抛出的初速度做匀速运动,竖直方向做自由落体运动.

水平位移　　$x=v_0t$;

竖直位移　　$y=\dfrac{1}{2}gt^2$.

在 x、y、v_0、t 这四个物理量中,已知其中两个量就可以求解出另外两个量.

本章检测题

一、填空题

1. 一架水平航行的飞机投下一枚炸弹,炸弹在空中路径的形状,在飞行员看来是_____,在地面上的人看起来是_____.(不计空气阻力)

2. 一个物体通过连续相等的位移时,其平均速度分别为 8.0 m/s 和 12 m/s. 由此求得它在两段位移上的平均速度为_____.

3. 一辆汽车以 36 km/h 的速度匀速行驶了 36 km,然后又以 54 km/h 的速度匀速行驶了 30 km. 由此得出该汽车在 66 km 位移中的平均速度为_____.

4. 物体由静止开始做匀加速直线运动,第 1 s 内的平均速度为 2 m/s,则第 1 s 末的速度为_____,第 1 s 内的位移为_____.

5. 物体沿直线运动时,其速度-时间图像如图 3.18 所示,由图中可看出其初速度 $v_0=$_____,第 3 s 末的速度 $v_t=$_____,前 3 s 内的加速度 $a_1=$_____,第 6 s 末到第 8 s 末这段时间内的平均速度和加速度分别为 $\bar{v}=$_____ 和 $a_2=$_____,这 8 s 内的总位移 $s=$_____.

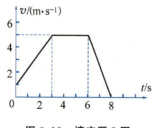

图 3.18　填空题 5 图

二、选择题

1. 下列说法正确的是　　　　　　　　[　　]

(A)"第 3 s 内"的时间比"第 2 s 内"的时间要多 1 s.

(B) 位移的大小不一定跟路程相等.
(C) 位置跟时间对应.
(D) 路程跟时刻对应.

2. 沿着光滑斜面滑下的物体,从第 1 s 开始,它每秒内的平均速度按顺序为 $\overline{v_1},\overline{v_2},\overline{v_3},\cdots$. 下列关系正确的是 [　　]

(A) $\overline{v_1}=\overline{v_2}=\overline{v_3}$.
(B) $\overline{v_1}>\overline{v_2}>\overline{v_3}$.
(C) $\overline{v_1}<\overline{v_2}<\overline{v_3}$.
(D) 前 3 s 内的平均速度等于 $\dfrac{\overline{v_1}+\overline{v_2}+\overline{v_3}}{3}$.

3. 物体在一直线上运动,第 1 s 末、第 2 s 末、第 3 s 末、第 4 s 末的速度分别为 1.0、2.0、4.0、8.0(单位:m/s),这个物体的运动是 [　　]

(A) 匀速运动.
(B) 匀变速运动.
(C) 非匀变速运动.
(D) 以上三种说法都不正确.

4. 甲物体速度由 2.0 m/s 增加到 10 m/s,乙物体速度由 6.0 m/s 增加到 8.0 m/s,这两个物体加速度大小的关系是 [　　]

(A) $a_甲>a_乙$.　　(B) $a_甲<a_乙$.
(C) $a_甲=a_乙$.　　(D) 无法比较两者大小.

5. 从静止开始做匀加速直线运动的物体,第 1 s 内的位移为 1 m,则 [　　]

(A) 第 1 s 末速度为 1 m/s.
(B) 第 1 s 内平均速度为 1 m/s.
(C) 第 1 s 内加速度为 1 m/s².
(D) 以上三种说法都不正确.

三、计算题

1. 匀加速行驶的汽车在 5.0 s 内先后经过路旁相距 50 m 的两根电线杆.它经过第二根杆时的速度为 15 m/s.求它经过第一根杆时的速度和加速度.

2. 汽车以 50 km/h 的速度行驶,当司机离红绿灯为 50 m 时红灯刚亮,问他以多大的加速度刹车,才能恰好停在红灯下?对应的时间多长?

3. 从发现情况到采取相应行动所需的时间叫作反应时间.如果某汽车驾驶员的反应时间(即从看到停车信号到使用刹车所需的时间)约为 0.5 s,汽车以 80 km/h 的速度行驶,问看到停车信号后,汽车还要行驶多远才能停止?已知刹车时汽车加速度的大小为 5 m/s².

4. 一辆货车以 80 km/h 的速度在平直的高速公路上行驶,该车经过一辆路边静止的越野车时,越野车开始以 2 m/s² 的加速度追货车,经过多长时间能追上?追行位移大小是多少?

*5. A、B 两辆汽车沿同一车道、同向匀速行驶,A 在前 v_A = 8 m/s,B 在后 v_B = 16 m/s. 当 B 距 A 为 16 m 时,为了避免追撞,B 车驾驶员开始减速. 求 B 车加速度的最小值.

6. 飞机在离地面 360 m 的高空飞行,在 A 处投下一枚炸弹,炸弹着地处距 A 的水平距离为 720 m. 求飞机的速度.(不计空气阻力)

*7. 如图 3.19 所示,一名骑自行车的特技演员要越过 4 m 宽的小沟,沟两侧高度差为 2 m. 若车从 A 点由静止开始加速,A、B 两点相距 20 m. 为了越沟,骑车人应以多大的加速度才能越过去?

图 3.19 计算题 7 图

第4章

牛顿运动定律 动量守恒定律

上一章讲述了物体做匀变速运动时的一些运动规律,但是没有研究运动状态发生变化的原因,要研究这样的问题,就要研究运动与力的关系.只研究物体怎样运动,而不涉及运动与力的关系的理论,称作运动学;研究运动和力的关系的理论,称作动力学.

动力学知识在日常生活、生产劳动和科学研究中都是很重要的.使用简单的工具、制造各种机械、计算人造卫星的轨道、研究天体的运动等,都需要动力学知识.

牛顿继承了哥白尼、伽利略、笛卡儿等许多前辈科学家的研究成果,他"站在巨人的肩上",提出了三条运动定律,总称为牛顿运动定律.这被誉为物理学史上"第一次伟大的综合",由此发展了系统的经典力学理论.

初中物理讲述过惯性和惯性定律、力是改变物体运动状态的原因、物体间力的作用是相互的,这些是对牛顿运动定律知识的初步介绍.本章要比初中物理深入一些讲述牛顿运动定律,要从定性研究进入定量研究.

本章还要介绍动力学中的一条普遍规律,即动量守恒定律,用它来说明几个物体相互作用时运动状态的变化.

4.1 牛顿第一定律

爱因斯坦在《物理学的进化》中写道：有一个基本问题，几千年来都因为它太复杂而含糊不清，这就是运动的问题……伽利略的发现以及他所应用的科学的推理方法是人类思想史上最伟大的成就之一，而且标志着物理学的真正开端。这个发现告诉我们，根据直觉观察得出的结论常常不是可靠的，因为它们有时会引到错误的线索上去。

力不是维持物体速度的原因

对运动的感受，人皆有之。人们对运动有着丰富的直觉。例如，用力推车，车子才前进；停止用力，车子会停下来等。凭着丰富的直觉观察，亚里士多德认为：必须有力作用在物体上，物体才能运动；没有力的作用，物体就要静止下来。他的观点不仅被后人信奉了 2 000 多年，就是现在初学物理的人也往往会被太多的直觉观察所困惑：没有力的维持，运动物体怎么可能不停下来呢？

直到 17 世纪，伽利略用科学的推理方法纠正了亚里士多德的错误观点。伽利略用下面的理想实验进行推论。如图 4.1(a) 所示，让小球从静止开始沿一个斜面滚下来，它将会滚上另一个斜面。如果两个斜面都没有摩擦，小球将升到原来的高度。他推论：如果减小第二个斜面的倾角 [图 4.1(b)]，小球就要在这个斜面上通过较长的路程才能达到原来的高度。继续减小第二个斜面的倾角，直到使它成为水平面 [图 4.1(c)]，小球就永远达不到原来的高度，它就以恒定的速度在光滑水平面上持续运动下去。根据这个推理，伽利略指出：在水平面上运动的物体之所以会停下来，是因为受到摩擦阻力的作用。设想如果没有摩擦，一旦物体具有某一速度，物体将保持这个速度继续运动下去。

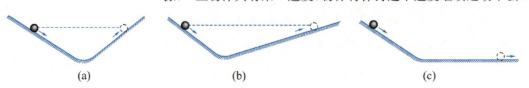

图 4.1　小球沿不同倾角斜面滚下的运动情况

我们可以用实验来近似地验证上述结论.把滑块放在一个水平气垫导轨上,并且使滑块和导轨之间形成气层.滑块沿气垫导轨运动时摩擦很小.推动一下,可以看到它沿气垫导轨的运动很接近匀速直线运动,如图 4.2 所示.

> 在天文观测中,人们看到远离其他星体的彗星,其运动状态接近于匀速直线运动.

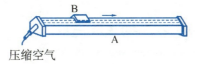

图 4.2 滑块沿气垫导轨运动

可见,运动的物体自己就能保持速度,力不是维持物体速度的原因.

牛顿第一定律

牛顿在伽利略等人的研究基础上,经过长期的实践和探索总结出:

一切物体总保持匀速直线运动状态或静止状态,直到有外力迫使它改变这种状态为止.这就是**牛顿第一定律**.

物体保持原来的静止状态或匀速直线运动状态的性质叫作物体的惯性(inertia).牛顿第一定律又叫作**惯性定律**.

当汽车突然开动的时候,汽车里的乘客会向后倾倒,如图 4.3(a)所示.这是因为汽车开始前进时,乘客的下半身随车前进,而上半身由于惯性还要保持静止状态的缘故.当汽车突然刹车时,乘客就会向前倾倒,如图 4.3(b)所示.这是因为汽车突然停止时,乘客的腿和脚随车厢一起停止,而上半身由于惯性还要以原来速度前进的缘故.

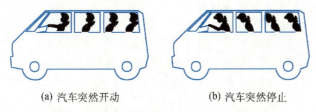

(a) 汽车突然开动　　　　(b) 汽车突然停止

图 4.3 汽车突然开动和停止时乘客具有惯性

一切物体在任何情况下都具有惯性,惯性是物体的固有性质.物体的运动并不需要力来维持.

牛顿第一定律所描述的物体不受外力作用是一种理想情况,在自然界中不受力作用的物体是不存在的.在实际问题中,牛顿第一定律可理解为:当物体受到几个力的共同作用时,若这几个力的合力为零,物体将保持原来的匀速运动状态或静止状态.

换一个角度来看,牛顿第一定律诠释了力和运动的关系——力要改变物体原来的静止或匀速直线运动状态.而改变运动状态就有了加速度,所以力是使物体产生加速度的原因.

 思考与练习

1. 锤头松的时候,将锤头朝上把锤柄在硬地上磕几次,锤头就紧了,这是什么道理?

2. 在高速公路上行驶的小轿车,一旦发生追尾、误撞护栏等意外紧急停车时,车内的人会因为惯性而发生危险.据你所知,车内有哪些防护设施?

3. 下列几种说法,哪些是正确的,哪些是错误的?

(1) 用力推小车就能使它由静止运动起来,小车没有保持住原来的静止状态,所以静止的小车没有惯性.

(2) 因为汽车速度越快,制动时滑行的距离越长,由此推理:同一个物体运动速度越快,则惯性越强;速度越慢,则惯性越弱;静止时速度为零,就没有惯性了.

(3) 我们在日常生活中总是看到,原来静止的物体不受力是不会动的,所以力是产生速度和维持速度的原因.

(4) 任何物体都有惯性.

4. 在火车车厢的水平桌面上放着一个小球.在下列情况中,小球将如何运动?

(1) 火车匀速行驶时;

(2) 火车突然加速时;

(3) 火车突然减速时.

4.2 牛顿第三定律

孤掌难鸣,两手互相击拍才有掌声,两手也都拍疼了;用脚踢足球(图4.4)时,脚给球一个作用力把它踢出去,脚也被踢疼了;水面上放两个软木塞,它们分别载有小磁铁和小铁块(图4.5),二者会相向运动,这说明相互有吸引力……观察和实验表明,一个孤立的物体不会产生作用力,物体间的力总是相互作用的.

图 4.4 用脚踢足球

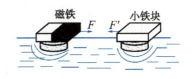

图 4.5 小磁铁和小铁块相向运动

作用力和反作用力

两个物体间相互作用的这一对力,叫作作用力和反作用力.我们把其中一个力叫作用力,另一个力就叫反作用力.

作用力和反作用力总是性质相同的力,它们同时出现、同时消失.图 4.6 表示的是桶和绳分别受到的作用力和反作用力.

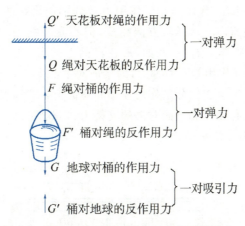

图 4.6 桶和绳分别受到的作用力和反作用力

作用力和反作用力的大小有什么关系呢?凭直觉,拍手时两个手掌上的作用力和反作用力好像一样大.可是当你观看甲、乙两队拔河的时候,如果乙队负了,直觉可能会使你认为甲对乙的拉力(作用力)大于乙对甲的拉力(反作用力),否则乙不会被甲拉过界.再例如,马拉车,你可能会认为马对车向前的拉力(作用力)大于车对马向后的拉力(反作用力),否则车不会被拉走.直觉有时是正确的,但是"直觉的结论不是常常可靠的"(爱因斯坦).直觉得出的结论要用科学实验来检验.

> 拔河时乙队被拉过界,是因为甲对乙的作用力 $F_乙$(向前拉乙的力)大于地面对乙向后的作用力.而乙对甲的反作用力 $F_甲$ 是作用在甲上的,$F_甲$ 对乙的运动没有影响,所以凭拔河胜负的直觉,无法比较 $F_甲$ 跟 $F_乙$ 的大小关系.马拉车也是如此.

85

牛顿第三定律

我们来观察一个比较容易做的实验.如图 4.7 所示,把校准过的两个弹簧测力计 A、B 互相钩住,用手拉 A 时,会看到 A、B 在同一直线上,示数始终相等.把手松开时,两个弹簧测力计示数同时变为零.

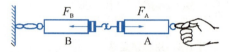

图 4.7 用力拉两个串联的弹簧测力计

牛顿从大量实验中总结出如下结论:**两个物体之间的作用力与反作用力总是大小相等,方向相反,沿同一条直线,分别作用在这两个物体上**.这就是**牛顿第三定律**.

可见,前面讲述中拔河时甲对乙的拉力(作用力)和乙对甲的拉力(反作用力),两者不是一大一小,而是大小相等;马跟车的相互拉力也是这样.

需要指出,作用力和反作用力是分别作用在两个物体上的力,虽然它们大小相等、方向相反,但不是平衡力.平衡力是作用在同一物体上的力.例如,放在桌面上的书(图 4.8),它跟桌面间的相互作用是一对弹力,即桌面对书的支持力 N 和书对桌面的压力 N',它们分别作用在书和桌面上,N 和 N' 不能平衡.只有书的重力 G 和桌面对书的支持力 N,这两个力同时作用在书上,它们才是平衡力.

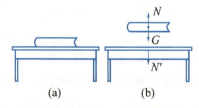

图 4.8 放在桌面上的书受到的作用力和反作用力

思考与练习

1. 判断下列各种说法是否正确.
(1) 受力体一定也是施力体;
(2) 人推车向前走时,人对车向前的推力大小等于车对人向后的推力大小；

（3）马拉车时，由于马对车向前拉力的大小等于车对马向后拉力的大小，二力平衡了，所以无论马用多大的力都拉不动车；

（4）马把车向前拉时，车对马作用了向后的拉力，马会被车拉着向后退而不是向前进；

（5）马如果四蹄腾空，马蹄无论怎么向后蹬，马也无法前进.地面上的马能前进，是因为马蹄向后蹬地面——对地面施以向后的作用力，因而从地面获得了向前的反作用力；

（6）以卵击石，鸡蛋破了而石头安然无恙，这是因为石头对鸡蛋的作用力大于鸡蛋对石头的反作用力.

2. 下列几种运动中，哪一种不是利用作用力和反作用力的关系使物体获得动力的？

（1）人走路前进；

（2）在水中划船前进；

（3）人造卫星在太空中做环绕地球的飞行；

（4）喷气式飞机的飞行.

4.3　牛顿第二定律

满载的货车加速比较慢，空载时加速则快得多；与普通小汽车质量相仿的赛车，其加速性能比普通小汽车强得多，原因何在呢？

决定加速度大小的两个因素

与上面提到的汽车加速类似的例子，还可举一些.例如，歼击机空战的时候，飞行员既要加大飞机的动力，同时还要把机翼上的副油箱抛掉（图 4.9），以利于加速.鱼雷艇要冒着炮火去攻击航空母舰，它必须有很强的机动灵活性.所以鱼雷艇不但装备了动力比较大的发动机，而且体小轻巧.待它放出了两枚沉重的大鱼雷之后，机动性更强，能迅速撤离，其机动性就体现在比其他舰船的加速度大.总之，为了使物体产生比较大的加速度，就必须增大作用力和减小物体的质量.

图 4.9　歼击机在战斗前抛掉副油箱

对于做变速运动的物体来说，作用在它上面的力 F 是外因,它自己的质量 m 是内因,这是两个互相独立的因素.物体的加速度 a 是这两个因素综合作用的结果.

牛顿第二定律

因为 F 和 m 是两个互相独立的因素,所以研究 a 跟 F 和 m 之间的定量关系时,就是分别测定每个因素所起的作用,然后再进行综合.在图 4.10 所示的气垫导轨装置中,质量 m 的滑块是被研究的对象,它在力 F 作用下产生加速度 a,利用光电门可以测出 a.

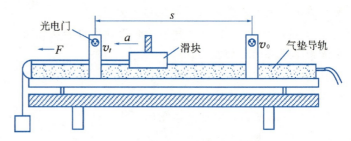

图 4.10 研究牛顿第二定律的实验

实验表明,当物体的质量一定时,物体的加速度跟物体所受的外力成正比.可以表示如下:

$$\frac{a_1}{a_2}=\frac{F_1}{F_2},$$

或者

$$a\propto F.$$

而当作用在物体上的外力一定时,实验表明,物体的加速度跟其质量成反比.可以用下式表示:

$$\frac{a_1}{a_2}=\frac{m_2}{m_1},$$

或者

$$a\propto \frac{1}{m}.$$

综合起来就是 $a\propto \frac{F}{m}$.

物体的加速度跟所受的作用力成正比,跟物体的质量成反比,加速度的方向跟作用力的方向相同.这就是牛顿第二定律.

物理学上规定,在国际单位制中,使质量 1 千克(kg)的物体产生 1 米/秒²(m/s²)加速度的力为 1 牛(符号 N).由此牛顿第二定律可用公式表示为

$$a=\frac{F}{m},$$

或者 $F=ma.$

力的单位为 N，$1\text{ N}=1\text{ kg}\cdot\text{m/s}^2$.

一般来说，一个物体往往不只受到一个力的作用，当物体同时受到几个力的共同作用时，式中 F 指的是作用在物体上的合力.

根据牛顿第一定律和牛顿第二定律，我们可以把运动和力的关系归纳为表 4.1 所示.

表 4.1　运动和力的关系

受力情况	加速度情况	运动状态
$F_合=0$	$a=0$	静止或匀速运动
$F_合$ 恒定	a 恒定	匀变速运动
$F_合$ 随时间改变	a 随时间改变	非匀变速运动

重力与重力加速度

初中物理讲过：物体所受的重力跟它的质量成正比，用公式表示为 $G=mg$，式中 $g=9.8\text{ N/kg}$. 现在我们可以根据牛顿第二定律来认识其中的物理意义了.

因为不论物体的质量 m 是多少，它们只在重力 G 的作用下做自由落体运动时的加速度都是 $a=g=9.8\text{ m/s}^2$. 而重力加速度 g 是由重力 G 产生的，根据牛顿第二定律，物体的重力应为

$$G=mg.$$

（想一想：$g=9.8\text{ m/s}^2$ 跟初中物理讲的 $g=9.8\text{ N/kg}$ 是否一致？）

虽然 $G=mg$ 这个式子是从自由落体运动得出的，但是物体不论是否做自由落体运动，它的重力大小都不会改变，所以当质量为 m 的物体在地面上静止或做各种形式运动时，重力 G 的大小都是按 $G=mg$ 来计算的.

物体的质量与惯性

牛顿第一定律揭示了任何物体都有惯性，但是没有区分不同物体的惯性大小. 现在我们可以根据牛顿第二定律，进一步认识物体的惯性. 当力强迫物体改变原来的运动状态时，由于加速度跟物体的质量成反比，即质量越大的物体其加速度越小，运动状态越不容易改变. 惯性既能使物体在不受力时保持原来的运动状态，又能使物体在力的作用下被迫改变运动状态时"改亦难". 质量越大的物体，速度越不容易改变. 由此得出结论：**质量是物体惯性大小的量度**. 这个结论是因果互逆的，即惯性也是对物体质量大小的量度. 由此我们也加深了对质量这个

概念的理解.牛顿第二定律还使我们得到了除了用天平之外的另一种测质量的方法:$m=\dfrac{F_合}{a}$.

在实际工作中,常常通过改变质量来增大或减小惯性.例如,当要求物体的运动状态不容易改变时,应尽可能地增大物体的质量,使其惯性增大,车间里的机床固定在很重的机座上,为的是增大惯性,从而减小震动或避免因意外的碰撞而移动位置.歼击机抛掉副油箱减小质量,是为了减小惯性而有利于加速.

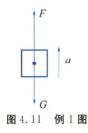

图4.11 例1图

例1 起重机的钢绳下悬挂 $m=1.0\times10^3$ kg 的货物,当使货物以 $a=2.0$ m/s^2 的加速度上升时,求钢绳中拉力的大小.

分析与解答 货物在竖直方向上受到拉力 F 和重力 G(图4.11),F 与 G 的合力使货物产生加速度 a.根据牛顿第二定律,有
$$F_合=F-G,$$
$$F_合=ma,$$
$$F-G=ma.$$

所以,拉力
$$F=mg+ma=1.0\times10^3 \text{ kg}\times(9.8+2.0) \text{ m/s}^2=1.18\times10^4 \text{ N}.$$

小常识 骑自行车急刹前轮不安全

骑自行车的人都知道,急刹车时如果只刹前轮就会摔倒.这是因为前轮被刹时,后轮仍在转动,使车尾比车头的速度快.车尾和人体由于惯性要保持原来的向前运动速度,若是车的前轮与后轮不在同一平面内(通常很难达到在同一平面),这就使整车以前轮着地点为轴心发生转动,导致人和车倾斜以至摔倒.车尾如果载有重物,其惯性就增大,车更容易摔倒,骑车时后座不宜载人.

阅读材料 失重与超重

重力是由于地球吸引而产生的,在讨论失重和超重问题时,把重力叫作真重.一个物体在地球同一地方真重不变.人静止不动站在称体重的秤上,秤的示数就是人的真重 G.可是当人在秤上加速向下蹲——人的重心加速向下运动时,秤上的示数还是 G 吗?有人可能认为,下蹲会使秤受的压力增大,所以示数比 G 大.有机会你不妨试一试.

现在运用牛顿运动定律研究上面的问题.

为了便于叙述,我们把秤的示数叫作视重(apparent weight).根据牛顿第三定律,视重等于秤对人的支持力 N 的大小.人的重心以加速度 a 向下时(图4.12),根据牛顿第二定律,人所受的合力向下,

$$G-N=ma,$$
$$N=G-ma<G.$$

可见,此时秤称得的不是真重.这种视重小于真重的现象,叫作失重(weightlessness).向下的加速度越大,则失重越多.

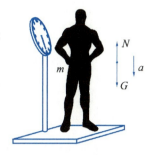

图4.12 人加速下降

当蹲着的人突然站起时,人的重心向上做加速运动(图4.13),人受向上的合力为 $N-G$,由牛顿第二定律,有

$$N-G=ma,$$
$$N=G+ma>G.$$

这时视重大于真重,叫作超重(overweight).

前面讲到的起重机钢绳拉着物体向上做加速运动时就是超重.

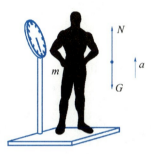

图4.13 人加速上升

在高层楼乘升降电梯时,电梯由低层向高层启动的过程中,加速度方向向上,人处于超重状态;电梯将到高层而减速时,虽然速度向上但加速度方向向下,人处于失重状态.电梯由高层向低层启动时,加速度方向向下,人处于失重状态;电梯将到低层而减速时,加速度方向向上,人处于超重状态.人的心脏处于超重状态时,心脏下的肌肉对心脏向上的支持力增大,心脏有压迫感;失重时,肌肉对心脏的支持力减小,人会感到心"悬"了起来.如果乘快速电梯,感觉更明显.

以下是一种常见的失重例子.

人站在倾角为 θ 的斜坡上时(图4.14),受到重力 G、支持力 N 和摩擦力 f 的作用.N 的大小就是视重.由于人在斜坡垂直方向上受力是平衡的,所以

$$N=G_\perp=G\cos\theta<G.$$

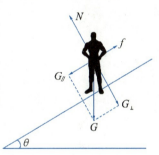

图4.14 人站在倾角为 θ 的斜坡上时受到的力

一般道路坡度较小,如 $\theta=20°$ 时,$N=G\cos20°=0.94G\approx G$,失重不明显.

月球上重力加速度 $g_\text{月}=\dfrac{g_\text{地}}{6}\approx 1.6\text{ m/s}^2$.为了训练宇航员在月球上行走,训练场装置了倾角为81°的大斜坡,受训者被缆绳拉着在斜坡上活动,这时

$$N=G\cos81°\approx\dfrac{G}{6},$$

人就像在月球上活动一样(图4.15).

图4.15 训练宇航员行走

思考与练习

1. 下列说法是否正确：

(1) 物体的速度越大，表明物体所受的合外力越大.

(2) 根据 $F_合 = ma$，得到 $m = \dfrac{F_合}{a}$，所以物体的质量跟物体所受的合外力成正比.

2. 质量为 1 kg 的物体放在光滑的水平桌面上，在下列几种情况下，物体的加速度分别是多少？方向如何？

(1) 受到一个大小为 10 N、水平向右的力的作用；

(2) 受到大小都为 10 N、水平向右的两个力的作用；

(3) 受到水平向左、大小为 10 N 和水平向右、大小为 7 N 的两个力的作用；

(4) 受到大小都为 10 N、方向相反的两个力的作用.

3. 质量 $m = 2.0$ kg 的物体，在三个力作用下保持平衡，撤去第三个力 F_3 后，物体产生了 $a = 2.0$ m/s^2 的加速度，问 a 的方向如何？F_3 多大？

4. 用弹簧测力计沿水平方向拉着物块匀速运动时，示数为 0.6 N. 当拉着物块以 0.8 m/s^2 的加速度做匀加速直线运动时，示数为 2.2 N. 由此测得物块的质量是多少？

5. 拖拉机的牵引力 $F = 3.0 \times 10^3$ N，它使拖车产生 $a_1 = 0.50$ m/s^2 的加速度. 若牵引力增大到 $F_2 = 6.0 \times 10^3$ N，它使拖车产生多大的加速度 a_2？设拖车所受的阻力 $f = 1.5 \times 10^3$ N 保持不变.

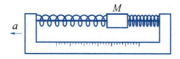

图 4.16　思考与练习 6 图

*6. 图 4.16 所示为加速度计的简易装置示意图，用它可以监测飞行器的运动状态. 光滑无摩擦的杆上有一个活动物块 M，它两端系有相同的弹簧，飞行器匀速飞行时，弹簧保持原长. 飞行器沿直线加速飞行时，弹簧变形. 设物块质量 $M = 0.1$ kg，弹簧的劲度系数 $k = 50$ N/m. M 和 k 使得每根弹簧的变形 Δl 跟加速度 a 有一定的对应关系，刻度尺上标的就是 a 值. 试求当 $\Delta l = 2$ cm 时 a 的刻度值.

4.4 牛顿运动定律的应用

牛顿运动定律把力和运动联系了起来,联系的纽带就是加速度,因为匀变速直线运动公式里有加速度,牛顿第二定律公式里也有加速度,所以运用牛顿运动定律解答的问题,有以下两种类型.

1. 已知物体的受力情况,求运动情况

知道物体受到的全部作用力,应用牛顿第二定律求出加速度;再根据题意,应用运动学公式就可以知道物体的运动情况,即可求出物体在任意时刻的位置、速度以及运动的时间.

2. 已知物体的运动情况,求受力情况

知道物体的运动情况,应用运动学公式求出物体的加速度,再应用牛顿第二定律求出物体的受力情况.

解答这两类问题都是以加速度为纽带来完成的.

现在我们举例说明应用牛顿运动定律分析问题、解决问题的思路和方法.

例 2 质量为 2.0 kg 的木块,原来静止在水平面上.当木块受到沿水平方向 4.4 N 的拉力作用时进行滑动,水平面对木块的滑动摩擦力为 2.2 N,如图 4.17(a)所示.求木块受到水平面的支持力、木块在 4.0 s 末的速度和木块在 4.0 s 内的位移.

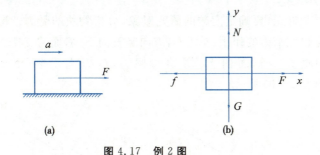

图 4.17 例 2 图

分析与解答 这是一个已知物体的受力情况,求运动情况的问题.

首先,确定问题的研究对象,分析它的受力情况.木块受到四个力的作用：水平方向的拉力 F 和滑动摩擦力 f、竖直方向的重力 G 和水平面对木块的支持力 N，如图 4.17(b)所示.

其次，分析木块的加速度情况. 依题意，木块加速度与合外力的方向相同，木块做匀加速直线运动.

选取水平向右的方向为 x 轴正方向，竖直向上的方向为 y 轴正方向.

应用牛顿运动定律列出方程求解.

y 方向： $F_合 = N - G$，

$F_合 = 0$，

$N - G = 0$，

$N = G = mg = 2.0 \times 10 \text{ N} = 20 \text{ N}.$

x 方向： $F_合 = F - f$，

$F_合 = ma$

$F - f = ma$，

$a = \dfrac{F-f}{m} = \dfrac{4.4-2.2}{2.0} \text{ m/s}^2 = 1.1 \text{ m/s}^2.$

应用运动学公式，可求得木块在 4.0 s 末的速度和在 4.0 s 内的位移，

$v_t = v_0 + at = (0 + 1.1 \times 4) \text{ m/s} = 4.4 \text{ m/s},$

$s = \dfrac{1}{2}at^2 = \dfrac{1}{2} \times 1.1 \times 4^2 \text{ m} = 8.8 \text{ m}.$

例 3 如图 4.18(a)所示，物块由静止开始沿斜面下滑，已知斜坡的倾角 $\alpha = 30°$，坡面动摩擦因数 $\mu = 0.25$. 求物块下滑的加速度.

分析与解答 这是一个已知物体的受力情况，求运动情况的问题.

首先，要确定问题的研究对象，分析物块的受力情况. 物块受到三个力的作用：重力 G，方向竖直向下；斜面的支持力 N，方向垂直于斜面向上；滑动摩擦力 f，方向沿斜面向上，如图 4.18(b)所示.

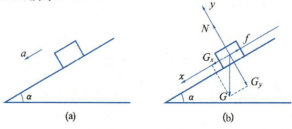

图 4.18 例 3 图

其次，分析物块的运动状况．物块在斜面垂直方向上是平衡的，沿斜面方向有加速度，所以物块在斜面上做匀变速直线运动．

选取直角坐标系，将 G 正交分解为 G_x 和 G_y．应用牛顿运动定律列方程求解．

y 方向：
$$F_{合}=N-G_y,$$
$$F_{合}=0,$$
$$N-G_y=0,$$
$$N-mg\cos\alpha=0,$$
$$N=mg\cos\alpha,$$
则
$$f=\mu N=\mu mg\cos\alpha.$$

x 方向：
$$F_{合}=G_x-f,$$
$$F_{合}=ma,$$
$$G_x-f=ma,$$
$$mg\sin\alpha-f=ma,$$
即
$$mg\sin\alpha-\mu mg\cos\alpha=ma,$$
$$a=g\sin\alpha-\mu g\cos\alpha=g(\sin30°-0.25\cos30°)$$
$$=10\times\left(\frac{1}{2}-0.25\times\frac{\sqrt{3}}{2}\right)\text{ m/s}^2\approx2.8\text{ m/s}^2.$$

求出加速度后，进而可以应用运动学公式求出物块在任意时刻的位置与速度．

> **例 4** 一台起重机在 2 s 内使一箱货物由静止开始上升 1 m，货物的质量为 9.0×10^2 kg，如图 4.19(a)所示．求货物对起重机钢丝绳的拉力．

分析与解答 这是一个已知运动情况求受力情况的问题．

首先确定问题的研究对象，分析货物的受力情况．货物受重力 G，方向竖直向下；受钢丝绳的拉力 T，方向沿绳索向上．本题要先用运动学公式求出加速度 a，然后应用牛顿第二定律求出 T，但题目要求货物对钢丝绳的拉力 T'．由牛顿第三定律知道，货物对钢丝绳的拉力 T' 与钢丝绳对货物的拉力 T 是一对作用力与反作用力，所以，只要求出 T 的大小，就能知道 T' 的大小．选取竖直坐标轴向上为正方向，如图 4.19(b)所示．

由 $s=\dfrac{1}{2}at^2$ 得出

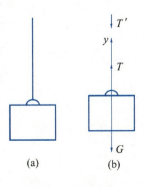

图 4.19 例 4 图

$$a=\frac{2s}{t^2}=\frac{2\times 1}{2^2} \text{ m/s}^2=0.5 \text{ m/s}^2.$$

加速度 a 是由 T 与 mg 的合力产生的.

y 方向：

$F_合 = T - mg$,

$F_合 = ma$,

$T - mg = ma$,

$T = mg + ma = m(g+a)$

$= 9.0\times 10^2 \times (10+0.50)$ N $= 9.45\times 10^3$ N.

由牛顿第三定律知道,货物对钢丝绳的拉力 T' 也是 9.45×10^3 N,作用在钢丝绳上,方向沿绳索向下.

为什么拉力 T 比货物的重力 G 要大？请同学们参考本章第三节中的阅读材料"失重与超重".

从这几个例题可以看出,应用牛顿运动定律和运动学的公式解题时,要首先确定问题的研究对象,然后分析研究对象的受力情况和运动状况,再应用牛顿第二定律和运动学的有关公式求出待求量.在分析题意时应特别注意：加速度方向应与合外力方向相同；当物体静止或做匀速直线运动时,合外力必定为零；求运动方向上的合外力时,要认准各个力的方向.正确分析物体的受力情况和运动情况是解决问题的关键.

思考与练习

1. 一个放在桌面上的木块,质量为 0.10 kg,在水平方向上受到 0.06 N 的力,木块和桌面之间的动摩擦因数为 0.02.求木块从静止开始通过 1.8 m 所用的时间.

2. 有一个质量为 3.0 kg 的木块以速度 v_0 沿光滑的水平面移动,当一个与 v_0 方向相反的 18 N 的力作用在木块上后,经过一段时间,木块的速度减小到原来速度的一半,木块移动了 9.0 m.这段时间为多少？初速度 v_0 为多大？

3. 一台起重机的钢丝绳可承受 1.4×10^4 N 的拉力,用它起吊重 1.0×10^4 N 的货物.若使货物以 1.0 m/s^2 的加速度上升,钢丝绳是否会断裂？

4. 质量为 3.0×10^3 kg 的卡车紧急刹车后仍出车祸.交通警察进行事故调查时,测量出卡车轮在路面上滑出的擦痕长为 12 m.根据路面与车轮间的动摩擦因数 0.90,警察怎样估算出该车是否超速？设该路段限速为 40 km/h.

5. 用弹簧测力计拉着质量为 1 kg 的物体以 1 m/s² 的加速度向上运动和使物体以 1 m/s² 的加速度向下运动,这两种运动情况中弹簧测力计的读数分别为(g 取 10 m/s²) 　[　　]
(A) 10 N、10 N.　　　　　　(B) 11 N、10 N.
(C) 11 N、9 N.　　　　　　　(D) 9 N、11 N.

4.5　动量　动量定理

"天地大冲撞"是地球的灾难.虽然小行星的直径只有数十米至数千米,跟地球的大小(半径 6 400 km)相比较,它犹如汪洋大海中一个很不起眼的小岛屿.小行星的质量大约只有地球质量的数十亿分之一,甚至更少.可是当一小行星撞到地球,大爆炸所产生的威力可能远远胜过美国在日本投下的原子弹,地球上的有些物种有可能因此遭到毁灭.为什么小行星这么厉害呢?

动　量

我们先举两个例子.把一颗子弹投向木板,子弹被木板挡回;将子弹装入枪支,射向木板,则子弹会穿过木板.可见物体的速度越大,对其他物体的作用本领就越大.再有,快速滚过来的足球和铅球,你可以用脚踢足球,却躲开铅球.这是因为质量越大的物体,其作用本领也越大.可见,一个物体对其他物体的作用本领,是由其速度和质量共同决定的.牛顿在建立第二定律时曾指出:"运动的量是综合速度与物质的量而得出的量度."他把**质量 m 跟速度 v 的乘积** mv 来表示运动的量,这个量度被称为**动量**(momentum).

在国际单位制中,动量的单位是千克·米/秒(符号为 kg·m/s).动量是矢量,它跟速度的方向一致.

动量定理

在物理学中,实验规律叫作定则、定律;从已有规律推理得出的新规律叫作定理.这一节讲述的动量定理就是从牛顿第二定律演绎出来的.

根据牛顿第二定律 $F=ma=m\dfrac{v_t-v_0}{t}$,得到

$$Ft=m(v_t-v_0)=mv_t-mv_0.$$

上式中的 **F** 跟它持续作用时间 t 的乘积 Ft,叫作**力的冲量**(impulse).Ft 表示力的时间累积量.

在国际单位制中,冲量的单位是牛·秒(符号为 N·s),它是矢量,跟力的方向一致.

物体所受外力的冲量,等于它的动量的改变量.这叫作**动量定理**,用公式表示为

$$Ft=mv_t-mv_0.$$

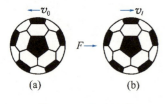

图 4.20 足球的运动

由于式中的冲量和动量都是矢量,所以进行计算时要选择一个正方向来确定各个矢量本身的正负号,将矢量运算转换成代数运算.例如,踢球时(图 4.20),质量为 m 的足球以 v_0 的速度飞过来,脚用力 F 把球以 v_t 的速度反向踢回去.若选 v_t 为正方向,则球的动量改变量为

$$Ft=mv_t-(-mv_0)=mv_t+mv_0.$$

从动量定理可以知道,如果一个物体的动量变化是一定的,若其受力作用的时间越短,这个力就越大;若其受力作用的时间越长,这个力就越小.利用这个道理就可解释为什么跳高运动员必须落在软的泡沫塑料垫上才安全.从高处落在软垫上,软垫要发生很大的变形,这需要经历一些时间,因而使运动员着陆时的动量在较长的时间内减小为零,这种软着陆对人产生的作用力比较小.如果运动员落在硬地上,其着陆动量在很短时间内变为零,人就会受到硬地作用的很大碰撞力.运输贵重、易碎物品时,包装箱里要衬垫纸屑、刨花,轮渡码头靠船的一侧装置了橡胶轮胎等,都是为了缓冲,以减小碰撞力.

在生产技术中,还广泛利用缩短力的作用时间来产生强大的碰撞力.例如,为了把桩打进地里,先把重锤举高,再让它击桩.锤落下时很大的动量就是它对桩作用的本领,锤落在桩上使动量在很短时间内减小为零,锤就把它的作用本领在很短的时间内全部释放了出来,因此它对桩产生很大的碰撞力.工厂里的冲压、锻打机械也是这样工作的.

日常生活不可随意向外扔东西,尤其是住在高楼的居民更不可以往窗外扔东西,从高层往外扔东西比从低层向外扔东西危害大得多.

小行星虽然质量小,但它相对于地球的速度很大,因此动量非常大.当它撞击地球时,其动量在很短时间内减小为零,因

此受到地球很大的冲击力.根据牛顿第三定律,小行星给予地球同样大的冲击力.

> **例 5** 用 5.0 kg 的铁锤把道钉打进铁路的枕木里去,打击时铁锤的速度为 5.0 m/s.如果打击的作用时间为 0.01 s,求打击时的平均作用力.(不计铁锤的重力)

分析与解答 以锤子为研究对象,在打击过程中,钉对锤的冲击力比锤的重力大很多,为了简化计算,就不计锤的重力了.如图 4.21 所示,铁锤在冲击力 N 的作用下,在 $t=0.01$ s 内,速度由 $v=-5.0$ m/s 变为 $v'=0$(这里取竖直向上的方向为正方向),应用动量定理就可以求出平均作用力:

$$N = \frac{mv' - mv}{t}$$
$$= \frac{0 - 5.0 \times (-5.0)}{0.01} \text{ N} = 2.5 \times 10^3 \text{ N}.$$

道钉所受的打击力,与铁锤所受的力大小相等,方向相反,也是 2.5×10^3 N.

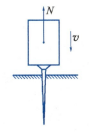

图 4.21 例 5 图

想一想:如果计入铁锤的重力,本题怎样求解?再把得出的数据与上述答案对照,看一看差别有多大.

阅读材料

踩不碎蛋的"轻功"

电视上转播过这样的表演:一个小姑娘用两只光脚踩着鸡蛋,鸡蛋没被踩碎,然后把鸡蛋打破给观众看,以证明被踩的是真实的鲜蛋.有人说这是运气发功后的"轻功",人变轻了,所以踩不破鸡蛋.

可是物理知识告诉我们,不论人怎么运气,只要质量不变,人的重力是不会变小的.人站在鸡蛋上,就是实实在在地把全部重力压在鸡蛋上了.

鸡蛋没被踩碎主要有两个原因:其一,蛋壳类似于建筑工程中的薄壳,它有很强的抗压能力(例如,北京火车站主厅的屋顶),只要蛋壳不太薄,它就能承受人的重力;其二,表演者如果突然踩在鸡蛋上,根据动量定理,人对鸡蛋会产生很大的冲击力,蛋就要被踩破.表演者必须用较长的时间,逐渐把体重压在鸡蛋上才不会产生较大的冲击力,蛋就不会破.所谓"轻功",就是经过训练,学会把体重逐渐压在鸡蛋上,并且使压力分散以减小对蛋的压强.

思考与练习

1. 工人进入建筑工地作业时,为什么要戴上安全帽?
2. 钉钉子时为什么要用铁锤而不用橡皮锤?
3. 自行车坐垫下为什么要装弹簧?
4. 从悬崖往下做蹦极跳的人,身上系什么样的绳子?
5. 交通事故中两车相撞是很危险的,可是游乐园里的碰碰车相碰为什么就没有危险呢?
6. 在球场上,队员把篮球传过来时,你怎样接球才能减小球对手的撞击力?

4.6 动量守恒定律 反冲运动

楚霸王"力拔山兮,气盖世",却为什么不能双手叉腰把自己举起来呢?他真的好无奈!

动量守恒定律

大人和小孩静止站在冰面上,大人推小孩一下,尽管小孩被推得向身后滑去,而大人自己却也止不住向身后滑(图 4.22).我们把牛顿第三定律跟动量定理结合起来,就可以解释这个现象.

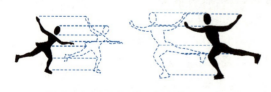
图 4.22 大人和小孩互推后向身后滑去

冰面很滑,摩擦力可以略去,两人的重力分别跟冰面的支持力平衡了,因此两人(称为**系统**)除了有相互的作用力和反作用力(系统内物体的相互作用力称为**系统的内力**)外,不受外力作用.由于作用力和反作用力大小相等、方向相反,作用的时间也相等,两人各自受到等量、反向内力的冲量.根据动量定理,原来静止的两人各自获得了等量、反向的动量,所以两人各自向身后滑动.从整个系统来考察,两人原来不动时,系统总动量为零;在内力作用下两人运动后,各自分别有等量、反向的动量,系统内的动量之和仍为零.因此只在内力作用下,系统的总动量保持不变——动量守恒.

早在牛顿之前,笛卡儿等人就认识到宇宙间运动的总动量是守恒的.在局部范围内,大量实验事实证明,**多个物体组成的系统只要不受外力(或合外力为零),系统的总动量保持不变**,这就是**动量守恒定律**(law of conservation of momentum).这个定律也可以表述为:**内力不能改变系统的总动量**.动量守恒定律既适用于宏观运动,也适用于微观运动,是自然界中最普遍的规律之一.它也是物理学史上最早发现的守恒定律.

以最简单的光滑水平面上两球相撞为例(图4.23),动量守恒的表达式(速度取值时含正、负号)为

$$m_1v_{10} + m_2v_{20} = m_1v_1 + m_2v_2.$$

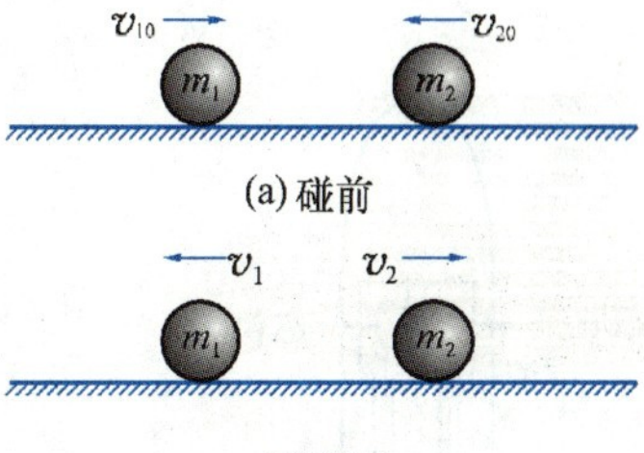

解题时要选定统一的正方向,以确定各矢量的正负号,跟正方向相同的动量为正,跟正方向相反的动量为负.

在技术应用中,如果系统受有外力,但外力的大小跟内力相比较可以略去时,就可运用动量守恒定律.

需要指出,动量守恒时内力虽然不能改变系统的总动量,但是系统内每个物体却会因为内力的作用而改变各自的动量.例如,图4.23中的两个相向运动的小球,相碰时产生的内力使两球的动量均发生了改变,它们由相向运动变成了反向运动.

图4.23 两球相撞前后的运动

反冲运动

在发射炮弹时,火药气体推动炮弹向前运动,以很大的速度把炮弹从炮筒中发射出去,同时也推动炮身向后退.这叫作**反冲运动**.开炮前炮弹和炮身的总动量为零;开炮后炮弹和炮身得到大小相等、方向相反的动量,系统的总动量仍然是零.因为炮身的质量比炮弹大得多,所以炮身后退的速度比发射的炮弹的速度要小得多.与此类似,图4.22中的冰面上两人互推时,因为大人比小孩的质量大,所以大人后退的速度小,而小孩后退的速度大.

如图4.24所示是喷出液体时产生反冲运动的装置.当容器里面的液体从底下的两个管口喷出时,容器就如图上箭头所示的方向转动.反击式水轮机的转轮就是由于射出水流时的反

图4.24 喷出液体时产生反冲运动的装置

冲作用而转动的,如图 4.25 所示.

喷气式飞机是利用向后喷出的高速气体的反冲作用,使飞机获得巨大的速度前进的,如图 4.26 所示.

图 4.25 反击式水轮机

图 4.26 喷气式飞机

图 4.27 火箭

火 箭

火箭(rocket)起源于中国.我国早在宋代就发明了原始火箭,如图 4.27 所示.它的构造和节日里玩的"烟花"相似,是在箭上扎一个火药筒,火药筒的前端是封闭的,当点燃火药生成的气体以很大速度向后喷出时,火箭就向前做反冲运动.现代的火箭构造比较复杂,但基本原理与古代的相同,是依据动量守恒定律设计的.火箭飞行时,由燃料生成的高温、高压气体不断从火箭尾部喷出,火箭同时获得与喷出气体大小相等、方向相反的动量.火箭的飞行是靠喷出气体的反冲作用,而且火箭自身装载了助燃的氧化剂,它不依赖于空气中氧气的助燃,因此可以在没有空气的宇宙空间飞行.图 4.28 为火箭飞行原理图.

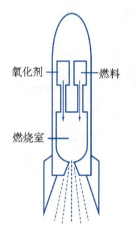
图 4.28 火箭飞行原理图

 思考与练习

1. 手榴弹在爆炸后,它的弹片是否向同一方向飞出?为什么?

2. 一个不稳定的原子核原来是静止的,当它放射出一个质量为 m、速度为 v 的粒子后,原子核剩余部分的动量是多少?

3. 平射炮在发射一枚炮弹的过程中(忽略地面摩擦),下列说法不正确的是 [   ]

(A) 炮身动量增大.
(B) 炮弹动量增大.
(C) 炮身和炮弹的总动量不增大.
(D) 炮身和炮弹的总动量增大.

4. 两个物体在光滑水平面上相向运动,发生碰撞后均变为

静止,由此可知两物体碰撞之前 [ ]

(A) 质量一定相等.
(B) 速度一定相等.
(C) 动量大小一定相等.
(D) 动量大小可能相等,也可能不相等.

5. 相向运动的甲、乙两车相撞后又分开,但是一同沿甲原来的运动方向前进.这一定是因为 [ ]

(A) 甲车质量大于乙车质量.
(B) 甲车速度大于乙车速度.
(C) 甲车动量大于乙车动量.
(D) 甲车动量可能大于乙车动量,也可能两车动量相等.

牛顿对物理学的巨大贡献

牛顿(图 4.29)很客观地评价自己所取得的成就——那是因为我站在巨人们的肩膀上的缘故.

在牛顿之前,已经有许多科学家在天体运动、自由落体运动、斜面上物体的运动、摆动、碰撞等方面认识到了物体运动和物体间相互作用的一些规律.例如,伽利略和笛卡儿发现了物体有惯性,牛顿则从这一发现中看到了它的普遍意义,将其表述为和惯性有关的一个运动定律即牛顿第一定律.为了度量物体的运动状态,牛顿提出了动量的概念,把动量的改变跟物体所受的作用力联系起来,得出物体运动的加速度跟作用力和物体质量的关系,建立了牛顿第二定律.牛顿继承了笛卡儿和惠更斯对碰撞的研究成果,并注意到物体之间的作用存在相互的关系,建立了牛顿第三定律.他举例说:任何东西拉引或推压另一个东西时,同样也要被那个东西所拉引或推压.如果你用手推压一块石头,那么手指也要被石头所推压……牛顿第三定律反映了物体间作用的辩证关系,是牛顿在科学观上的一大突破.他还以卓越的数学才能发明了微积分,从而能在哈雷、胡克等探索天体运动规律的基础上,建立万有引力定律,这是自然科学中的一大辉煌成就.牛顿以三个运动定律为基础,以万有引力定律为最精彩的综合,并用微积分来描述物体运动的因果关系,建立起一个以实验和观察为基础的严密的经典力学体系,完成了物理学史上"第一次伟大的综合",发表了《自然哲学的数学原理》这一旷世巨著.

图 4.29 牛顿

牛顿在光学方面也卓有成就,他研究了光的色散、光的衍射,他发现的"牛顿环"对于探索光的波动性有重要的意义.

本章知识小结

一、基本概念

1. 惯性

物体保持静止或匀速直线运动状态的性质叫作惯性.

以地球或相对于地球做匀速直线运动的物体作为参考物时,这种参照物叫作惯性参考系或惯性系.我们运用牛顿三个运动定律解答问题时,都是选用惯性系.

2. 动量

物体的质量与速度的乘积叫作动量,动量是矢量.它既表示物体的运动状态,也表示了该物体对其他物体的作用本领.

3. 冲量

力跟它持续作用时间的乘积叫作冲量,冲量是矢量.它表示力在时间上的累积,这个累积越多,则对动量的改变就越大.

4. 系统

两个或两个以上有相互作用的物体就可以看作一个力学系统.

5. 内力和外力

从不同的角度出发,力有不同的分类方法.例如,按照力的产生条件划分,可将机械运动中常见的三种力分为重力、弹力和摩擦力;按照系统内外来划分,系统内物体的相互作用力叫作内力,系统外物体对系统的作用力叫作外力.

二、牛顿第三定律

两个物体间的作用力与反作用力总是大小相等、方向相反、沿一条直线,分别作用在这两个物体上.

作用力与反作用力是一对性质相同的力,它们同时产生也同时消失.不存在没有施力体的力.

三、力和运动状态的关系

物体的运动状态取决于它的受力情况.

1. 质点的运动状态

受力情况	运 动 状 态
$F=0$	静止或匀速直线运动(牛顿第一定律)
$F\neq0$	产生加速度 $a=\dfrac{F}{m}$(牛顿第二定律)
	动量发生改变 $Ft=mv_t-mv_0$(动量定理)

牛顿第二定律和动量定理虽然都表示了运动状态的变化，但是表达的方法不同．牛顿第二定律表达的是力的瞬时效应，即物体每个瞬时速度变化的快慢取决于该瞬时所受的力．动量定理表达的是力的时间累积效应，即物体运动状态的变化是由力和力持续作用的时间共同决定的．运用动量定理时，对于运动状态变化的中间过程可不予考虑，这是它的方便之处．

2．系统内质点的运动状态

当质点系统不受外力或外力的合力为零时，系统内质点的总动量保持不变．或者说，内力不改变系统内质点的总动量，这就是动量守恒定律．

四、运用牛顿运动定律解答质点运动的问题

本章要解答的是力和运动关系的综合问题，它涉及 v_0、v_t、a、s、t、F、m 七个物理量，须将可供选用的两个匀变速直线运动公式与牛顿第二定律公式联合运用，才能进行求解．被求解的问题有两种类型：

（1）已知物体受力情况，求解运动情况；

（2）已知物体运动情况，求解受力情况．

加速度是联系力和运动的纽带，求解这两类问题的共同思路都是从加速度入手的．

本章检测题

一、判断题

1．同一物体受到的合力越大，速度一定越大．　　[　　]

2．同一物体受到的合力越大，它的加速度一定越大．
　　　　　　　　　　　　　　　　　　　　　　[　　]

3．作用在同一物体上的外力越多，产生的加速度一定越大．
　　　　　　　　　　　　　　　　　　　　　　[　　]

4．弹簧测力计和天平都是用来测定物体的质量的．[　　]

二、选择题

1．由牛顿第二定律可知，物体质量 $m = \dfrac{F}{a}$，对于 m、F、a 三者的关系，下列说法正确的是　　　　　　　　　[　　]

（A）a 一定时，m 跟 F 成正比．

（B）F 一定时，m 跟 a 成反比．

（C）F 一定时，a 跟 m 成反比．

(D) 以上三种说法都正确.

2. 物体在力 F 的作用下产生加速度 a,下列关于 a 与 F 二者之间方向的关系的说法正确的是 [ ]

(A) 只有在匀加速直线运动中 a 跟 F 同方向.

(B) 在匀减速直线运动中 a 跟 F 反方向.

(C) 无论在何种变速运动中,a 总跟 F 同方向.

(D) 以上三种说法都正确.

3. 如果力 F 在时间 t 内,使质量为 m 的物体发生的位移为 s,则 $\dfrac{F}{2}$ 的力在相同时间内,使质量为 $\dfrac{m}{2}$ 的物体发生的位移为 [ ]

(A) s. (B) $\dfrac{s}{2}$. (C) $2s$. (D) $4s$.

4. 一恒力 F 施于质量为 m_1 的物体上,产生的加速度为 a_1;施于质量为 m_2 的物体上,产生的加速度为 a_2. 若此恒力施于质量为 m_1+m_2 的物体上,它产生的加速度 a 等于 [ ]

(A) a_1+a_2. (B) $\dfrac{1}{2}(a_1+a_2)$.

(C) $\dfrac{a_1 a_2}{a_1+a_2}$. (D) $\sqrt{a_1 a_2}$.

三、计算题

1. 质量为 $0.10\ \text{kg}$ 的物体在水平拉力的作用下,从静止开始沿水平面做匀加速直线运动. 已知滑动摩擦力的大小为 $0.20\ \text{N}$,在 $4\ \text{s}$ 内的位移为 $0.80\ \text{m}$. 求:

(1) 水平拉力的大小;

(2) 如果要使物体在此后做匀速运动,还需要对它施加多大的阻力?

2. 滑冰者停止用力后,在平直的冰面上前进 $80\ \text{m}$ 后静止. 如果滑冰者的质量为 $60\ \text{kg}$,动摩擦因数为 0.015,求滑冰者受到的摩擦力和初速度的大小.

3. 一列列车车重为 $4.9\times 10^6\ \text{N}$,所受阻力为车重的 0.02 倍,要使火车从静止开始在 $60\ \text{s}$ 内速度增加到 $12\ \text{m/s}$,求机车的牵引力.

4. 质量为 $10\ \text{kg}$ 的物体,沿倾角为 $30°$ 的斜面从静止开始匀加速下滑,物体和斜面间的动摩擦因数为 0.25,在 $2.0\ \text{s}$ 内物体从斜面顶端下滑到底端,求斜面的长度.(g 取 $10\ \text{m/s}^2$)

5. 升降机以 $0.5\ \text{m/s}^2$ 的加速度加速上升. 升降机地板上有一质量为 $60\ \text{kg}$ 的物体,求物体对升降机地板的压力. 当升降机减速上升,加速度大小为 $0.5\ \text{m/s}^2$ 时,求此时物体对地板的压力.

第 5 章

功和能

初中物理已经讲述了一些功和能的知识.人们制造出各种机械的目的,就是为了让机械为我们工作——做功.机械不会自动做功,做功是要付出代价的.这个代价就是能(energy),把能供给机械,它才能够工作.而机械做功的结果,就是把它消耗的一种形式的能,转变成另一种形式的能以供给我们使用.例如,让水库里高水位的水推动水轮机,由水轮机带动发电机发电.这个过程就是消耗水的势能使水轮发电机组做功,把机械能转变成了电能,供给工厂和千家万户使用.

从动力学角度来说,牛顿运动定律阐明了力和运动的关系.而以牛顿运动定律为基础研究功和能,这是对动力学的进一步探讨,是对动力学认识的深化.通过对本章的学习,你将体会到,用功和能的知识比直接应用牛顿运动定律解答问题的范围要广一些,解答的过程有时也显得简便.

自然界里存在着多种形式的能,各种形式的能都是可以通过做功而互相转化的.

本章只研究在机械运动范围内功和能的关系,但是它的一些基本知识适用于其他运动中对功和能的研究.

5.1　功

一个力如果帮助物体运动了一段距离,由于力对物体的运动做出了贡献,就给它记功;如果力在一段距离上阻碍物体运动,这是对物体运动"帮倒忙",就给它记"过"——记负功;如果力对物体的运动既没有帮忙,也不阻碍,对于这种"白费力"就不给它记功——功为零.用这种方法来评价力对物体运动状态的影响,将把我们引入对功和能的研究.

功

人们在生活和劳动中,使用各种机械工作时,常常把力作用在物体上,而且使物体在力的作用下发生一段位移.例如,火车机车拉着车厢向前行驶,车厢发生了一段位移;起重机吊起重物,使重物产生了一段位移(图 5.1);人使用打气筒打气,使活塞发生了一段位移(图 5.2);物体在重力作用下自由下落,也发生了一段位移.

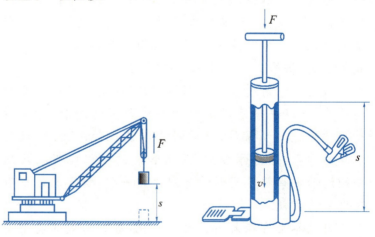

图 5.1　重物产生了位移　　　图 5.2　活塞发生了位移

在物理学中,如果**一个物体受到力的作用,并在力的方向上发生一段位移**,就说这个力对物体做了功.

人推一辆停着的车,如果车没被推动,人对车就没有做功,因为物体在力的作用下没有发生位移;一辆在水平路面上行驶的汽车,重力对它没有做功,因为汽车在重力的方向上没有发生位移;如果汽车关闭发动机,汽车由于惯性而运动时,因为牵引力没有作用于汽车,就不存在牵引力做的功.

可见,**力和物体在力的方向上发生的位移,是做功的两个不可缺少的因素**.

功的公式

力对物体所做的功如何计算呢？在实际工作中,功的大小是由力的大小和物体在力的方向上位移的大小确定的.力越大,在力的方向上位移越大,功就越多.

当力的方向跟物体运动的方向相同时(图 5.3),功就等于力的大小和位移大小的乘积,

$$W = Fs.$$

式中 W 表示力对物体所做的功.

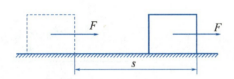

图 5.3　力与物体运动的方向相同　　图 5.4　力与物体运动的方向成夹角 α

当力的方向跟物体位移的方向成夹角 α 时(图 5.4),将力 F 正交分解为两个分力 $F_1 = F\cos\alpha$ 和 $F_2 = F\sin\alpha$. F_2 与位移方向垂直(不做功), F_1 与位移方向一致,所以力 F 对物体做的功就等于 F_1 所做的功,即 $F_1 s$,

$$W = Fs\cos\alpha.$$

上式是功的一般表达式,即**力对物体所做的功,等于力的大小、位移的大小、力和位移的夹角的余弦三者的乘积**.

功是标量,只有大小,没有方向.

在国际单位制中,功的单位是焦耳,简称焦,符号用 J 表示. 由功的表达式得到

$$1\,\text{J} = 1\,\text{N} \times 1\,\text{m} = 1\,\text{N} \cdot \text{m}.$$

1 J 等于 1 N 的力使物体在力的方向上发生 1 m 的位移时所做的功.

正功和负功

根据功的公式 $W = Fs\cos\alpha$,功的大小还与力和位移间的夹角有关.下面讨论夹角 α 值在不同范围内,力对物体做功的大小

和性质.

(1) 当 $0 \leqslant \alpha < 90°$ 时,因为 $\cos\alpha > 0$,故 $W = Fs\cos\alpha > 0$,力做正功. 如图 5.5 所示的力 F(或 G),它是帮助物体运动的动力.

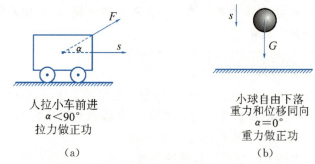

人拉小车前进
$\alpha < 90°$
拉力做正功
(a)

小球自由下落
重力和位移同向
$\alpha = 0°$
重力做正功
(b)

图 5.5　力与物体运动方向的夹角 $0° \leqslant \alpha < 90°$

(2) 当 $\alpha = 90°$ 时,因为 $\cos\alpha = 0$,故 $W = 0$,它对物体不做功. 如图 5.6 所示的力 N(或 G),它对物体的运动没有影响.

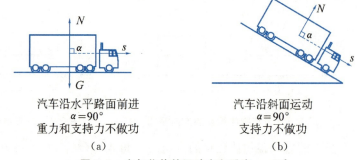

汽车沿水平路面前进
$\alpha = 90°$
重力和支持力不做功
(a)

汽车沿斜面运动
$\alpha = 90°$
支持力不做功
(b)

图 5.6　力与物体的运动方向垂直 $\alpha = 90°$

(3) 当 $90° < \alpha \leqslant 180°$ 时,因为 $\cos\alpha < 0$,故 $W = Fs\cos\alpha < 0$,力对物体做负功. 如图 5.7 所示的力 F(或 G),它是阻碍物体运动的阻力.

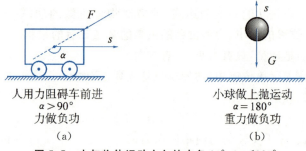

人用力阻碍车前进
$\alpha > 90°$
力做负功
(a)

小球做上抛运动
$\alpha = 180°$
重力做负功
(b)

图 5.7　力与物体运动方向的夹角 $90° < \alpha \leqslant 180°$

当力对物体做负功时,物体要前进就必须付出代价,即"克服阻力做功". 例如,摩擦力阻碍物体运动做负功时,可说成物体克服摩擦力做了功;上抛运动中,重力对物体做负功,可以说成物体克服重力做了功. 物体克服阻力做的功是正功,它等于阻力做的负功的绝对值.

合力的做功

当物体在几个力的共同作用下发生一段位移时,公式 $W=Fs\cos\alpha$ 仍然适用,F 可以看作几个力的合力,α 看作合力的方向与位移方向的夹角,W 为合力对物体所做的功.

可以证明,**合力做的功等于各分力所做功的代数和**.

> **例 1** 如图 5.8 所示,物块重 98 N,在与水平方向成 37°向上的拉力作用下,沿水平面移动 10 m. 已知物块与水平面间的动摩擦因数为 0.2,拉力的大小为 100 N. 求:
> (1) 作用在物块上的各力对物块做功的总和;
> (2) 合力对物块做的功.

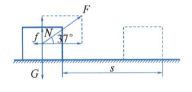

图 5.8 例 1 图

分析与解答 (1) 物块共受四个力的作用.
重力、支持力与运动方向垂直而不做功,$W_G=0$,$W_N=0$.
拉力 F 做的功
$$W_F=Fs\cos 37°=100\times 10\times 0.8 \text{ J}=800 \text{ J}.$$
摩擦力的大小
$$f=\mu N=\mu(G-F\sin 37°)$$
$$=0.2\times(98-100\times 0.6) \text{ N}=7.6 \text{ N}.$$
摩擦力做的功
$$W_f=fs\cos 180°=-7.6\times 10 \text{ J}=-76 \text{ J}.$$
各力对物块做的总功为
$$W_G+W_N+W_F+W_f=(800-76) \text{ J}=724 \text{ J}.$$
(2) 作用在物块上的合力为
$$F_合=F\cos 37°-f=72.4 \text{ N}.$$
合力对物块做的功为
$$W_合=F_合 s=72.4\times 10 \text{ J}=724 \text{ J}.$$
可见,分力做功的代数和等于合力做的功.

5.2 功 率

比如说,有三个人共同承诺,在 8 h 之内把 1 000 块砖搬上楼.从物理意义上讲,就是人要克服砖的重力做功.经过 8 h,甲完成 400 块,乙完成 350 块,丙完成 250 块,主管者对这三个人做功的评价肯定不同,有做功的快慢之分.

功　率

不同的物体做相同的功,所用的时间不一定相同,做功的快慢就不一定相同.

在物理学中,用功率表示做功的快慢.机械性能优劣的重要标志之一就是功率.通常机械的发动机、压缩机上都有一个铭牌,铭牌上印有功率标记.

功跟完成这些功所用时间的比,叫作**功率**(power).用 P 表示功率,即

$$P = \frac{W}{t}.$$

在国际单位制中,功率的单位为瓦特,简称瓦,符号为 W. 瓦单位比较小,常用千瓦(kW)作为功率的单位.

$$1 \text{ W} = 1 \text{ J/s}.$$

力和速度表示的功率公式

在力和位移方向相同的情况下,

$$P = \frac{W}{t} = \frac{Fs}{t},$$

即

$$P = Fv.$$

上式表示:**功率也等于力和速度的乘积**.可以证明,当变力或物体做变速运动时,上式也是成立的.若 F 和 v 随时间变化时,将 F 和 v 的瞬时值代入 $P=Fv$ 中可求得瞬时功率;将 F 和 v 的平均值代入 $P=Fv$ 中可求得平均功率.

当力 F 一定时,功率 P 与速度 v 成正比,机械实际输出的功率随速度增大而增大.如起重机吊起重物竖直匀速上升,若匀速上升的速度大,则实际输出的功率就大.

当机械输出的功率一定时,机械产生的牵引力和速度成反比.对于汽车、火车、机床、吊车等机械,如果要增大牵引力,就得降低速度;如果要获得较大速度,牵引力就得减小.载重汽车上坡时,司机常常通过换挡来减小速度,以获得较大的牵引力.

发动机铭牌上表示的功率是指它工作时允许的最大功率,叫作**额定功率**.机器实际输出的功率小于额定功率时,属于正

工程上也用千瓦和马力作功率的单位,其换算关系为

1 千瓦＝1 000 瓦,1 马力≈0.735 千瓦.

常工作.如果机器长时间超过额定功率工作,机器易损坏.

例2 已知列车的额定功率为 600 kW,列车以 $v_1=5$ m/s 的速度匀速行驶,所受阻力 $f_1=5×10^3$ N;在额定功率下,列车以最大速度行驶时,所受阻力 $f_2=5×10^4$ N.求:
(1) 列车以 5 m/s 速度匀速行驶时的实际输出功率 P_1;
(2) 在额定功率下列车的最大行驶速度 v_m.

分析与解答 (1) 列车匀速行驶时,牵引力 F_1 跟阻力 f_1 平衡,有
$$F_1=f_1=5×10^3 \text{ N}.$$
实际输出功率为
$$P_1=F_1v_1=5\,000×5 \text{ W}=2.5×10^4 \text{ W}.$$

(2) 在额定功率下,当牵引力 F_2 大于阻力 f_2 时,合力会产生加速度,使列车速度 v 增大.因为在一定的额定功率下,牵引力 $F_2=\dfrac{P_额}{v}$ 随着 v 的增大而减小,故 F_2 是变力.因此列车的加速度 $a=\dfrac{F_2-f_2}{m}$ 也随着 v 的增大而减小,列车做非匀变速运动.只要 a 没有减小到零,列车仍有加速度,速度还要增大,牵引力 F_2 就要继续减小.直至 F_2 减小到跟 f_2 平衡时使 $a=0$,v 就是不再增大的最大值 v_m.
$$F_2=f_2=5×10^4 \text{ N},$$
$$P_额=F_2v_m,$$
$$v_m=\frac{P_额}{F_2}=\frac{6×10^5}{5×10^4} \text{ m/s}=12 \text{ m/s}.$$

各种车辆匀速行驶的最大速度受其额定功率的限制,要想在牵引力不减小的情况下提高最大速度,必须选用大功率的发动机.不同品牌的汽车有不同的最大速度,就是因为它们有不同的额定功率(额定功率取决于汽缸的排气量).

思考与练习

1. 一辆汽车沿着盘山公路上坡行驶时,它受到哪些作用力?各个力的做功情况如何?

2. 判断题.
(1) 功是标量.　　　　　　　　　　　　[　　]
(2) 搬运工人肩上扛的货物重为 G,他在时间 t 内沿水平

113

方向行走距离 s，则他做的功和功率大小分别为 Gs 和 $\dfrac{Gs}{t}$.
〔　　〕

(3) 质量相同的两个人都是从一楼上到五楼，甲慢步、乙快步上楼.两人上楼做的功相等，但是乙的功率大.
〔　　〕

(4) 汽车在马路上行驶时，发动机的实际功率如果大于额定功率，汽车不是处于正常工作状态；如果实际功率小于额定功率，汽车也不是处于正常工作状态.
〔　　〕

3. 一辆汽车出现了故障，由拖拉机牵引，沿水平直线方向前进了 200 m. 已知拖拉机的牵引力为 $1×10^3$ N，牵引力与水平面的夹角为 30°，问牵引力对汽车做了多少功？

4. 质量 $m=1.0$ kg 的物体，在与斜面平行的恒力 $F=50$ N 的作用下，沿倾角为 30°的斜面向上移动 3 m. 若上升过程中所受的摩擦力 $f=5$ N，求作用在物体上各力对物体做功的大小和合力做功的大小.

5. 汽车发动机的额定功率为 $6×10^4$ W，汽车行驶时受到的阻力为 $5×10^3$ N，问汽车行驶的最大速度是多少？

6. 一台柴油机装在汽车上，汽车匀速行驶的速度可达 90 km/h；装在汽船上，汽船匀速行驶的速度可达 20 km/h. 问汽车和汽船哪个受的阻力大？两者的阻力之比是多少？

7. 一台电动机的额定功率为 10 kW，用这台电动机匀速提升 $2.7×10^3$ kg 的货物，最大速度是多大？不计空气阻力.

5.3　能　动能　动能定理

普朗克是创立量子理论的物理学家，缪勒是他中学时的物理老师.这位老师不仅在讲解科学原理时精辟清晰，而且常常借用一些生动有趣的小故事来深入浅出喻事喻理.有这样一个使普朗克印象深刻、终生未忘的故事：一个泥水匠辛辛苦苦地将一块块砖搬到了屋顶上.看起来，他白白地做了功.其实这个功并没有消失，而是原封不动地贮藏了起来.贮藏一年、两年，甚至许多年.直到有一天，这块砖松脱了落下来砸在下面某物体上，才算有了归宿.这个故事说明了什么道理呢？

能

这个故事中,因为人有做功本领,才能够对砖做功,使砖也有了做功的本领. 在物理学中,把**物体具有的做功本领**叫作能.

功与能

缪勒老师所说的贮藏,是砖把能贮藏起来了. 他的故事说明了一个道理:物体间可以通过做功来传递能.

我们在初中学过,砖在高处静止不动是具有势能的,砖下落时势能减小,与此同时砖的速度增大而使动能增大了. 砖自身能的形式的变化是怎样实现的呢？原来这个能在变化的过程中是功在起作用,是砖下落时重力做功的结果.

从上面的搬砖和砖下落的例子可以看出,做功会导致物体的能发生变化,使能的形式发生转化,或者使能从一个物体转移到另一个物体. 功是可以定量计算的. 人们经过大量的实验观察研究,在物理学中确立了功和能的关系的基本原理：**功是能变化的量度**. 就是说对物体做多少功,或者物体克服阻力做了多少功,那么它的能就变化多少. 这样,能也像功一样可以定量了. **能的多少叫作能量**. 习惯上对于能和能量这两个词不予区分. 初中物理虽然讲述了能量概念,其实并没有定量.

能量与功一样,都是标量. 能量与功的单位相同,在国际单位制中都是焦耳(J).

动 能

实验表明运动着的物体能够做功,因而具有能量. **物体由于运动而具有的能**叫作**动能**(kinetic energy). 射出的子弹,速度越大,能够做的功越多；在速度相同的情况下,重锤的质量越大,能够做的功越多.

演示实验 动能跟物体质量、速度的关系.

如图 5.9 所示,让小球 A 从光滑的导轨上滚下,与一个静止在水平导轨上的木块 B 碰撞,从而推动木块做功. 首先让同一小球从不同的高度滚下,其次让质量不同的小球从同一高度滚下,分别观察推动木块 B 做功的情况. 物体能做的功越多,它的动能越大.

图 5.9 同一小球在不同高度和不同小球在同一高度滚下推动木块做功情况

以下利用对功的计算,来推导动能的定量表达式. 设一个质量为 m 的物体以水平速度 v_0 运动,它具有动能. 当沿着 v_0 方向对它作用一个水平恒力 F 时(图 5.10),物体做匀加速直线运动,经过一段水平位移 s,速度变成 v_t,动能大小也随之改变. F

在这段位移上做的功为

$$Fs = ma \cdot \frac{v_t^2 - v_0^2}{2a} = \frac{1}{2}mv_t^2 - \frac{1}{2}mv_0^2.$$

图 5.10　物体在水平恒力 F 作用下运动

根据功与能关系的基本原理，F 做的功等于物体动能的改变量，所以上式右边的 $\frac{1}{2}mv_0^2$ 和 $\frac{1}{2}mv_t^2$ 分别就是物体初状态和末状态的动能大小. 可见，**物体的动能等于它的质量跟它的速度平方的乘积的一半**. 用字母 E_k 表示动能，即

$$E_k = \frac{1}{2}mv^2.$$

动能只表示做功本领的大小，它是标量. 例如，开枪时，不论朝什么方向射出的子弹，都具有相同的杀伤力，可见从效果来说，动能与方向无关.

> 请你将 m 的单位 kg 和 v 的单位 m/s 代入动能公式换算一下，看看动能的单位是否为 J.

例 3　一载重卡车质量为 5×10^3 kg，停车前速度为 0.6 m/s；一子弹质量为 8×10^{-3} kg，离开枪口时速度为 800 m/s. 问哪个动能大？

分析与解答　根据动能的计算公式，得载重卡车的动能

$$E_k = \frac{1}{2}mv^2 = \frac{1}{2} \times 5 \times 10^3 \times 0.6^2 \text{ J} = 9 \times 10^2 \text{ J}.$$

飞行子弹的动能

$$E_k' = \frac{1}{2}m'v'^2 = \frac{1}{2} \times 8 \times 10^{-3} \times 800^2 \text{ J} = 2.56 \times 10^3 \text{ J}.$$

在本题中高速飞行的子弹比即将停车的载重卡车动能大. 若载重卡车高速行驶，将具有很大的动能.

动能定理

现在考虑较普遍的情况，研究物体在几个力作用下发生位移时动能的变化.

例如，水平路面上行驶的汽车受到重力 G、支持力 N、牵引力 $F_牵$ 和阻力 f 的作用，如图 5.11(a)所示. 这四个力可用一个合力 $F = F_牵 - f$ 来代替，使图 5.11 的(b)跟(a)等效，也就跟图 5.10 一样了. 可引用对图 5.10 的计算结果，得到

$$Fs = \frac{1}{2}mv_t^2 - \frac{1}{2}mv_0^2.$$

上式左边是合力的功 W,右边是末动能与初动能之差 $\frac{1}{2}mv_t^2 - \frac{1}{2}mv_0^2 = \Delta E_k$,即动能改变量. 因此,**合力对物体所做的功,等于物体的动能改变量**. 这就叫作**动能定理**,其表达式为

$$W = \Delta E_k.$$

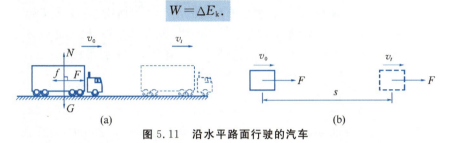

图 5.11 沿水平路面行驶的汽车

根据动能定理,当合力方向与运动方向相同时,合力对物体做正功,$W>0$,物体动能增加. 增加的动能等于合力对物体所做的功.

当合力方向与运动方向相反时,合力是阻力,合力对物体做负功,$W<0$,物体动能减少. 减少的动能等于物体克服阻力所做的功.

前面已经讲过,求合力做的功时,可以直接用合力乘以合力方向的位移,也可以用各个分力做功的代数和来求.

上面虽然是用恒力作用下的匀变速直线运动导出了动能定理,进一步还可以理论证明,对于变力做功和曲线运动的情况,动能定理仍然适用. 因此动能的改变量跟运动状态的具体变化过程无关,它只由功来决定. 动能定理不涉及物体运动过程中的加速度和时间,处理问题往往比较方便,而且还能解答曲线运动问题.

例4 质量为 8g 的子弹,以 400 m/s 的速度打穿厚度为 5 cm 的木板,穿出后的速度为 100 m/s,如图 5.12 所示. 求:

(1) 子弹克服阻力所做的功;

(2) 木板对子弹的平均阻力.

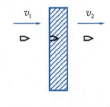

图 5.12 例 4 图

分析与解答 题中子弹受重力和木板的阻力作用. 重力很小,可忽略.

(1) 根据动能定理,阻力做功

$$W_f = \frac{1}{2}mv_2^2 - \frac{1}{2}mv_1^2$$

$$= \frac{1}{2} \times 0.008 \times (100^2 - 400^2) \text{ J} = -600 \text{ J}.$$

子弹克服木板阻力所做的功为 600 J.

（2）设子弹受木板的平均阻力为 $\bar{f}$，其方向与运动方向相反，子弹穿过厚度为 s 的木板时，平均阻力所做的功为

$$W_f = \bar{f}s\cos180° = -\bar{f}s,$$

$$\bar{f} = \frac{W_f}{-s} = \frac{-600}{-0.05} \text{ N} = 1.2\times10^4 \text{ N}.$$

例 5 汽车在水平的高速公路上做匀加速直线运动，经 1 000 m 距离后，速度由 10 m/s 增加到 30 m/s. 汽车的质量 $m = 2\times10^3$ kg，汽车前进时所受的阻力为车重的 0.02 倍. 求：

（1）汽车牵引力所做的功；

（2）牵引力的大小.

分析与解答 （1）汽车共受四个力的作用，如图 5.11(a)所示. 汽车所受重力 G 和支持力 N，这两个力与汽车运动方向垂直，所以

$$W_G = 0, W_N = 0.$$

牵引力 F 做正功，

$$W_F = Fs.$$

阻力 f 做负功，

$$W_f = fs\cos180° = -fs = -0.02mgs.$$

由动能定理，得

$$W_F + W_f = \frac{1}{2}mv_2^2 - \frac{1}{2}mv_1^2,$$

$$\begin{aligned}W_F &= \frac{1}{2}mv_2^2 - \frac{1}{2}mv_1^2 - W_f \\ &= \left(\frac{1}{2}\times2\times10^3\times30^2 - \frac{1}{2}\times2\times10^3\times10^2 + \right.\\ &\quad \left. 0.02\times2\times10^3\times10\times1\,000\right) \text{ J} \\ &= 1.2\times10^6 \text{ J}.\end{aligned}$$

（2）牵引力大小

$$F = \frac{W_F}{s} = \frac{1.2\times10^6}{1\times10^3} \text{ N} = 1.2\times10^3 \text{ N}.$$

  费米用纸片测原子弹的爆炸威力

1945 年 7 月 6 日上午，美国在新墨西哥以南的沙漠地区进行了世界上第一次原子弹爆炸试验. 当明亮灼眼的大火球迅速

膨胀、上升时,在地面上掀起了一个巨大的尘柱向上直追火球,不久便在空中形成了高达1万多米的蘑菇状烟云.

正当科学家们聚精会神地对原子弹爆炸的威力进行观测的时候,一个出人意料的情况发生了:身穿防护服的物理学家恩里科·费米(1938年诺贝尔物理学奖获得者)跃出了掩体,手里举着纸片向原子弹爆炸的试验场跑去.只见他把纸片举过头顶,又撒手让纸片随着爆炸产生的气流飞走.一会儿工夫,费米跑了回来并兴奋地向大家宣布:我测出来啦,这颗原子弹的爆炸威力相当于2万吨TNT炸药爆炸时放出的能量.

显然,费米的简易测试是借助纸片进行的,众人对费米的探测结果将信将疑.然而,随后跟精密仪器测定的数据相比较,却表明他测出的爆炸当量基本与之相符.大家为之折服,纷纷向他询问其中道理.原来费米是根据原子弹爆炸时释放能量的形式,选择了其中最容易测量的一种能量——气流的动能.原子弹爆炸中心产生的冲击波使气流具有动能,气流动能是推算爆炸能量的依据.而气流动能可以由它的速度推算出来.他说:我用纸片做实验,纸片漂流的速度可以看成是气流的速度.纸片的速度可以根据它飘落的时间和距离估算出来,而时间和距离是由特定的步伐求得的.

费米是一位对原子科学有杰出贡献的实验与理论物理学家,他用这个非常简单的小试验估算出预测的数据,从小试验中折射出了大科学家的智慧.这个趣闻轶事也启迪了我们,不要忽视身边的简易器材,它们可以被用来进行物理小实验.

牛顿第二定律和动量定理、动能定理

牛顿第二定律决定了物体在合力作用下产生的加速度,把力和运动联系了起来,这是动力学的理论基础.但是我们从加速度仅能知道物体速度变化的快慢,而不知道速度变化的大小.所以牛顿第二定律表达的是力的瞬时效应.力必须持续作用一段时间,或者使物体在力的方向上产生位移,才能知道物体的速度变化了多少.为此,我们从牛顿第二定律推导得出了两个定理:

动量定理 $Ft=mv_t-mv_0$,它反映了力的时间累积效应;

动能定理 $Fs=\frac{1}{2}mv_t^2-\frac{1}{2}mv_0^2$,它反映了力的路程累积效应.

这两个定理有以下的共同特点:

(1) 它们不涉及加速度,不考虑运动变化的中间过程,只反映末状态与初状态的差别.因此用这两个定理直接求解速度问题,比用牛顿第二定律简洁.

(2) 这两个定理不仅适用于恒力,还适用于变力,使解答问题的范围能扩大到非匀变速运动.有兴趣钻研物理问题的同学可以做些尝试.

这两个定理的区别在于:

(1) 动量定理中 Ft 是 v 的一次函数,而动能定理中 Fs 是 v 的二次函数.为什么两种累积的结果会不同呢?我们用匀变速直线运动来解释,就是因为 v 是 t 的一次函数,而 s 是 t 的二次函数.

(2) 动能定理是标量式,它只反映速度大小的变化.而动量定理是矢量式,它既反映速度大小的变化,也反映速度方向的变化,所以动量定理全面地反映了力的累积效应.对于注重速度方向的问题,必须用动量定理解答.

思考与练习

1. 下列关于动能的说法正确的是 [　　]

(A) 速度大的物体,动能一定大.

(B) 质量大的物体,动能一定大.

(C) 物体受到的力越大,其动能一定越大.

(D) 物体的动能与它受到的力无关.

2. 质量为 10 g、以 8.0×10^2 m/s 的速度飞行的子弹,与质量为 60 kg、以 10 m/s 速度奔跑的运动员相比,哪一个动能大?

3. 火车的质量是飞机质量的 110 倍,而火车的速度是飞机速度的 $\frac{1}{12}$,哪一个动能较大?

4. 甲、乙两物体其质量 $m_甲 = 5m_乙$,它们从同一高度自由落下.落下相同高度时,甲、乙两物体所需时间之比为 _____,此时它们获得的动能之比为 _____.

5. 一物体从静止开始自由落下,当下落 1 m 和下落 4 m 时,物体动能之比为 _____.

6. 一物体在水平面上运动,当速度由 0 增大到 v 与速度由 v 增大到 $2v$ 时,其动能的变化量之比为 [　　]

(A) 1∶1.　　(B) 1∶2.　　(C) 1∶3.　　(D) 1∶4.

7. 枪筒越长,射出的子弹速度越快.某种型号的子弹从短枪中射出时能打穿一块木板,从长枪中射出时的速度提高为原来的 2 倍,它能打穿几块木板?

8. 质量为 50 g 的子弹,以 400 m/s 的速度从枪口射出,假设枪筒长 1 m. 求子弹在枪筒里所受的平均推力.

9. 在长为 $2×10^3$ m 的一段水平铁轨上,列车的速度由 10 m/s 增加到 15 m/s. 如果列车的质量为 $2×10^6$ kg,列车与铁轨之间的阻力为车重的 0.02 倍. 求机车的牵引力所做的功.

*10. 用脚把足球以同样大小的速度沿反方向踢回去时,踢球的力对球做功了吗?脚对球的作用力,对球的运动有什么影响?想一想,你根据什么规律回答上述问题.

5.4 势　能

重力虽然司空见惯,细想起来犹可品味. 一切物体不论轻重贵贱,都被地球一视同仁地吸引着. 你从地上跳起来,还得被地球吸引着拉回地面,要是没有地球吸引力,你早就不知道飘到宇宙空间里什么地方去了.

一切被举高的物体,最终都会在重力的作用下落下来——找到自己的归宿,即使现在不下落,它也始终有下落的趋势,就像缪勒老师所说的那块砖,贮藏着做功的本领.

重力做功和重力势能

物体由于被举高而具有的做功本领叫作**重力势能**(gravitational potential energy). 水电站的水位越高,流进水轮机的水量越多,水流对水轮发电机组做的功就越多,水流是用它的重力势能做功的. 打桩机的重锤越重,举得越高,下落时所做的功就越多,说明重锤下落前贮存的重力势能越多.

怎样定量地表示重力势能的大小及其变化呢?

设一质量为 m 的物体,离地面的高度为 h_1,自由下落到达离地面的高度为 h_2 处(图 5.13).

物体所受重力为 mg;

物体的位移为 h_1-h_2;

重力所做的功

$$W_g = mg(h_1-h_2) = mgh_1 - mgh_2.$$

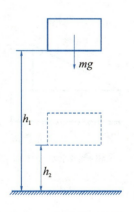

图 5.13　物体自由下落

根据功和能关系的基本原理,重力的功等于所减少的重力势能,上式中的 mgh_1 和 mgh_2 分别就是物体在初位置和末位置的重力势能.

物理学中用 mgh 这个物理量表示物体的重力势能.重力势能常用 E_p 表示,

$$E_p = mgh.$$

可见,**物体的重力势能等于物体所受的重力和它高度的乘积**.这样,重力所做的功又可以写成

$$W_g = E_{p1} - E_{p2}.$$

上式表明:**重力所做的功等于物体重力势能的减少量**.

当物体下降时,重力对物体做正功,$W_g > 0$,重力势能减少,减少的重力势能等于重力所做的功.

当物体上升时,重力对物体做负功,$W_g < 0$,重力势能增加,增加的重力势能等于物体克服重力所做的功.

重力势能的相对性

我们知道,高度是一个相对的量,因此,重力势能也是一个相对的量.重力势能的大小,是相对某个基准水平面而言的.将这个基准水平面高度取作零,重力势能也就为零,称为**零势能面**.高于零势能面的物体,重力势能为正;低于零势能面的物体,重力势能为负.

在解决实际问题时,零势能面的选择可根据研究问题时的方便而定.通常选地面为零势能面.

重力做功的特点

下面分析一个具体的例子.

(1) 如图 5.14 所示,质量为 m 的小球,从 A 点自由下落到达 B 点,重力做正功;小球再从 B 点水平移到 C 点,重力方向与运动方向垂直,重力不做功.所以整个过程中重力所做的功

$$W_{ABC} = W_{AB} = mgh_1 - mgh_2.$$

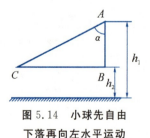

图 5.14 小球先自由下落再向左水平运动

(2) 小球沿直线 AC 路径从 A 点到 C 点,重力所做的功

$$W_{AC} = mg \cdot \overline{AC} \cdot \cos\alpha = mg(h_1 - h_2) = mgh_1 - mgh_2.$$

上面的计算表明,小球从 A 点沿不同的路径到 C 点,重力所做的功都等于 $mgh_1 - mgh_2$.

所以,**重力对物体所做的功只跟物体初位置的高度 h_1 和末位置的高度 h_2 有关,而跟物体的运动路径无关**.只要起点和终点的位置相同,不论物体沿什么路径运动,重力所做的功都相

同,并等于起点的重力势能和终点的重力势能之差.

弹 性 势 能

发生弹性形变的物体也具有能量,如被拉伸或被压缩的弹簧、卷紧的发条、被拉弯的弓等,在它们恢复原状的时候,都能对外界做功.这种**由于物体发生弹性形变而具有的能**叫作**弹性势能**(elastic potential energy).

弹性势能的大小与物体发生弹性形变的大小有关.同一物体的弹性形变越大,弹性势能就越大,一旦形变消失,弹性势能就等于零.

应当指出,无论是重力势能还是弹性势能,都是由于物体之间的互相作用力而引起的,它们的大小由物体间的相对位置决定.在物理学中,把**由物体间相互作用和相对位置决定的能**称为**势能**(potential energy).重力势能是由物体和地球所组成的系统决定的,所以重力势能是物体和地球所共有的.平时说"物体的重力势能",只是一种简略方便的说法.

今后我们还将学习到分子势能和电势能的概念.

思考与练习

1. 均匀杆的重心在杆长的 $\frac{1}{2}$ 处,若把一根长为 l、重为 G 的均匀杆缓慢竖起,则克服重力做功使它增加的势能为 [   ]

(A) $\frac{1}{2}Gl$.　　(B) $\frac{2}{3}Gl$.　　(C) $\frac{3}{4}Gl$.　　(D) Gl.

2. 若物体在运动中,重力对它做 10 J 的功,则物体 [   ]

(A) 重力势能增加 10 J.

(B) 重力势能减少 10 J.

(C) 克服重力做了 10 J 的功.

(D) 重力势能不改变.

3. 离地 60 m 高处有一质量为 2 kg 的物体,它对地面的重力势能是多少?若取离地 40 m 高的楼板为零势能面,物体的重力势能又是多少?(g 取 10 m/s²)

4. 质量为 50 kg 的人爬上高出地面 30 m 的烟囱,他克服重力做了多少功?他的重力势能增加了多少?(g 取 10 m/s²)

5. 工人把质量为 150 kg 的货物沿长 3 m、高 1 m 的斜面匀速推上汽车,货物增加的重力势能是多少?在不计摩擦的情况

下，工人沿斜面推动货物所做的功是多少？（g 取 $10\ \text{m/s}^2$）

5.5 机械能守恒定律

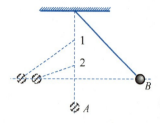

图 5.15 伽利略摆球实验

伽利略曾经做过摆的实验，如图 5.15 所示，摆球从 B 处落下，把小棍放在位置 1 或 2 挡住摆绳，可以看到摆球仍会上升到跟 B 相同的高度。后人从这个实验中发现，小球在摆动过程中，重力势能和动能发生了变化，但它们总能量保持不变。

机械能的相互转化

物理学中，**动能、重力势能和弹性势能统称为机械能**（mechanical energy）。

物体在自由下落过程中（图 5.16），高度逐渐降低，重力对物体做正功，重力势能减少，而物体的速度越来越大，动能不断增加，说明重力势能可以转化为动能。

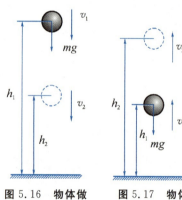

图 5.16 物体做自由落体运动

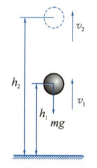

图 5.17 物体做竖直上抛运动

物体做竖直上抛运动（图 5.17），上升过程中高度逐渐增大，重力对物体做负功，重力势能增大，而物体的速度越来越小，动能不断减小，说明动能可以转化为重力势能。

弹性势能跟动能之间也可以相互转化。例如，扣动玩具手枪的扳机，枪管内被压缩的弹簧要恢复原状，把跟它接触的子弹射出去，这时弹力做正功，弹簧的弹性势能转化为子弹的动能，子弹获得一定的速度。

如图 5.18 所示是弹性势能、动能和重力势能之间互相转化的实际例子。

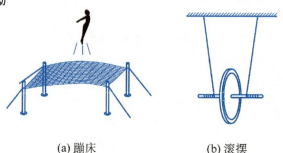

(a) 蹦床　　　　　　(b) 滚摆

图 5.18 弹性势能、动能和重力势能相互转化

重力势能、弹性势能与动能之间可以发生相互转化,这种机械能的相互转化是通过重力或弹力做功来实现的.

下面我们来定量地研究这种转化关系.

机械能守恒定律

我们举一个简单的例子.设一物体在位置1,从高处自由落下,下落到位置2(图 5.19).

在位置1时它的动能为 E_{k1},重力势能为 E_{p1},总机械能为 $E_1=E_{k1}+E_{p1}$.在位置2时它的动能为 E_{k2},重力势能为 E_{p2},总机械能为 $E_2=E_{k2}+E_{p2}$.

无空气阻力,只有重力做功时,根据动能定理,重力对物体所做的功等于物体动能的改变量,即

$$W=E_{k2}-E_{k1}.$$

根据重力对物体所做的功等于重力势能的减少量,有

$$W=E_{p1}-E_{p2}.$$

由上述两式得

$$E_{k2}-E_{k1}=E_{p1}-E_{p2}. \tag{1}$$

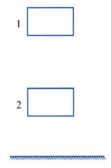

图 5.19 物体从位置 1 下落到位置 2

上式说明:在只有重力做功的条件下,物体动能的增加量等于重力势能的减少量.

上式移项后得到

$$E_{p1}+E_{k1}=E_{p2}+E_{k2}. \tag{2}$$

即

$$E_1=E_2.$$

式(1)和式(2)表明:**在只有重力做功的情形下,物体的动能和重力势能发生相互转化,但机械能的总量保持不变**.这个结论叫作**机械能守恒定律**,它是人们从大量实验中总结出来的规律.

机械能守恒定律在只有重力做功的情形下,对自由落体和各种抛体运动的情况都适用.若物体运动过程中除了受重力外还受其他力的作用,但其他力不做功时,如伽利略摆球实验中绳的拉力不做功,又如物体沿光滑斜面或光滑曲面运动时支持力不做功,机械能守恒定律也适用.

弹性势能和动能也是可以相互转化的,在只有弹力做功的情形下,弹性势能与动能之和也保持不变,即守恒.例如,在光滑水平凹槽内,运动的小球碰到弹簧上,把弹簧压缩后动能转化为弹性势能,又被弹簧弹回来,弹性势能转化为动能,小球在水平凹槽内来回运动(图 5.20)不会停下来.

图 5.20　动能和弹性势能相互转化

机械能守恒定律是力学中的一条重要规律,在只有重力、弹力做功时,机械能既不会创造,也不会无缘无故地消失.

例 6　某人站在 $h_1=10$ m 高的阳台上,以 $v_1=10$ m/s 的速度随意抛出一个小球,如果不计空气阻力,求小球落地时速度的大小.

分析与解答　题中小球被随意抛出,可能上抛、斜抛或下抛,方向不定,用牛顿第二定律难以求解落地时的速度大小,本题用机械能守恒定律来解.

小球在空中飞行过程中只有重力做功.

取地面为零势能面,根据机械能守恒定律,有
$$E_{k1}+E_{p1}=E_{k2}+E_{p2}.$$

小球落到地面时,
$$E_{p2}=0.$$

把各个状态下动能、势能的表达式代入,得
$$\frac{1}{2}mv_1^2+mgh_1=\frac{1}{2}mv_2^2,$$

所以
$$v_2=\sqrt{v_1^2+2gh_1}=\sqrt{10^2+2\times9.8\times10}\text{ m/s}\approx17.2\text{ m/s}.$$

例 7　物体从 3m 高的光滑斜面顶端由静止开始无摩擦地下滑(图 5.21),到达底端时速度多大?如果将光滑斜面改成光滑凹形曲面或光滑凸形曲面,物体下滑到底端时速度多大?

分析与解答　(1)物体沿光滑斜面下滑,斜面对物体的支持力不做功,只有重力做功.

根据机械能守恒定律,有
$$E_{k1}+E_{p1}=E_{k2}+E_{p2}.$$

物体在斜面顶端　$E_{k1}=0$;

物体滑到斜面底端　$E_{p2}=0.$

所以
$$mgh_1=\frac{1}{2}mv_2^2,$$
$$v_2=\sqrt{2gh_1}=\sqrt{2\times9.8\times3}\text{ m/s}\approx7.67\text{ m/s}.$$

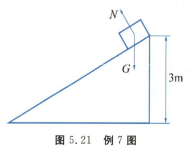

图 5.21　例 7 图

(2) 当物体沿光滑凹形曲面或凸形曲面下滑时(图5.22),支持力与物体运动方向垂直,不做功.同样只有重力做功,服从机械能守恒,所以计算方法与(1)中相同,物体滑到底端时速度大小也等于 7.67 m/s,方向沿圆弧的切线方向.

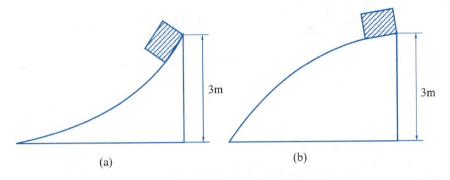

图 5.22　物体沿凹形曲面和凸形曲面下滑

机械能守恒定律
和动量守恒定律

知识研读

　　机械能守恒定律和动量守恒定律是两个重要的守恒定律.机械能守恒定律适用于只有重力做功和弹力做功的情况,但不限定物体只受这两种力.例如,伽利略做的摆球实验,摆球在运动中受绳的拉力,但该力不做功(拉力跟速度方向垂直),所以机械能守恒.重力和弹力做功只是使势能与动能互相转化,机械能的总量始终被贮藏着.

　　物体系统只在内力作用下(或合外力为零)动量守恒.动量守恒定律对内力的形式没有限制,它可能是弹力、摩擦力、火药爆炸力、电磁力等.系统在内力作用下,虽然各个物体的动量都发生了改变,但系统的总动量不会减少也不会增多,内力起着在系统内传递动量的作用.

　　由于机械能守恒定律跟动量守恒定律的适用条件不同,机械能守恒的时候动量不一定守恒,反之亦然.例如,地雷爆炸时,作用在地雷这个系统中的火药爆炸力是内力,所以地雷爆炸前后动量守恒,使地雷碎片飞向四面八方.但是地雷爆炸前是静止的,动量为零;它爆炸时,飞出的每块碎片都有动能,爆炸前后机械能不守恒.因为爆炸力做了功,使火药的内能转变成了地雷碎片的动能.

　　在有些情况下,两个守恒定律的条件都能满足.如图5.23所示,光滑水平面上 A、B 两个物块被细绳相

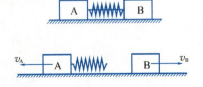

图 5.23　验证机械能守恒定律和动量守恒定律实验

连,两物块间有一根被压缩的弹簧,弹簧一端固定在 A 上.当烧断细绳时,两物块在弹力(内力)作用下发生反冲,动量守恒.又因为弹力对 A、B 做功,使弹性势能转变成了两物块的动能,所以机械能也守恒.

小 制 作　　自动爬坡的纸筒

材料:硬纸片一张,玻璃小球(或金属小球、金属螺丝帽)一个,胶水.

按图 5.24 的尺寸将硬纸片剪成两个扇形,然后卷成两个底部直径为 6 cm、高为 7 cm 的圆锥体.把小球放在锥体内,用胶水将两个锥体底部对接粘成一个双锥体(小球被封在其中).再用硬纸片剪成两个高约 30 cm、上底为 2 cm、下底为 4.5 cm 的梯形,并将它们 2 cm 的一端粘在一起,而另两端分开,使之成为斜坡的轨道(图 5.25).

半径7.6 cm 弧长19 cm

图 5.24 扇形

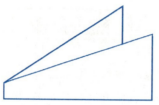

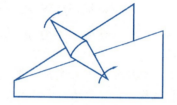

图 5.25 斜坡轨道　　图 5.26 小锥体朝上坡的方向运动

把双锥置于斜坡的下端,放手后,将会看到双锥体竟能自动地滚动着爬上斜坡(图 5.26).这个现象看起来有点怪,似乎违反了机械能守恒定律.想一想,为什么小锥体能朝上坡的方向运动?

思考与练习

1. 竖直上抛一个物体,初速度为 19.6 m/s,求物体所能达到的最大高度 h.(不计空气阻力)

2. 一个物体从高 2 m、长 5 m 的光滑斜面顶端由静止开始下滑,求物体滑到斜面底端时的速度.(g 取 10 m/s^2)

3. 一人以 9.8 m/s 的速度从地面上竖直上抛一小球,小球的动能和重力势能在多高的地方正好相等?(不计空气阻力)

4. 蒸汽打桩机重锤的质量为 250 kg,把它提升到离地 10 m 高处,然后让它自由下落.求:

(1) 重锤在最高处的重力势能和机械能；
(2) 重锤下落 6 m 时的动能、重力势能和机械能.

本章知识小结

一、基本概念

1. 功

用功表示力对物体运动的贡献, 功 $W = Fs\cos\alpha$. 当力阻碍物体运动做负功时, 物体就要克服阻力做正功.

2. 功率

做功的快慢叫作功率, 功率 $P = \dfrac{W}{t}$. 机械的功率也可以用牵引力 F 和瞬时速度 v 来表示, $P = Fv$.

额定功率是机械正常工作容许的最大功率.

3. 动能

物体由于运动而具有的做功本领叫作动能, $E_k = \dfrac{1}{2}mv^2$. 动能仅表示做功本领, 不区分朝什么方向做功, 动能是标量, 它总是正值.

4. 势能

(1) 重力势能. 被举高的物体所具有的做功本领叫作重力势能, $E_p = mgh$. 重力势能只有相对值, 它的大小跟所选取的零点高度有关. 重力做正功时, 物体的重力势能减小; 重力做负功时, 重力势能增大.

(2) 弹性势能. 弹性体由于发生形变而具有的做功本领叫作弹性势能.

5. 机械能

动能与势能之和叫作机械能.

二、动能定理

参见"知识研读: 牛顿第二定律和动量定理、动能定理".

三、机械能守恒定律

参见"知识研读: 机械能守恒定律和动量守恒定律".

本章检测题

一、选择题

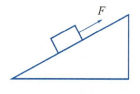

图 5.27 选择题 1 图

1. 粗糙斜面上一个物体,在平行于斜面的力 F 作用下,沿斜面向上滑行(图 5.27),对于作用在物体上各个力所做的功,下列说法正确的是 [ ]

(A) F 做正功,摩擦力做负功,其他力不做功.

(B) F 做正功,摩擦力做负功,支持力做正功,重力做负功.

(C) F 做正功,摩擦力做负功,重力做正功.

(D) F 做正功,摩擦力做负功,重力做负功.

2. 水平面上放一木块,水平飞来的子弹射向木块并在木块中穿行时,使木块由静止开始运动.子弹穿入木块时,木块对子弹的摩擦力为 f_1,子弹对木块的摩擦力为 f_2.关于摩擦力做的功,下列说法正确的是 [ ]

(A) f_1 做正功,f_2 做负功.　　(B) f_1 做负功,f_2 做正功.

(C) f_1 和 f_2 都做负功.　　(D) f_1 和 f_2 都做正功.

3. 运动员把重 1 000 N 的杠铃举高 2.0 m,然后将它在此高度保持 10 s 时间,在这 10 s 内他做功的功率为 [ ]

(A) 2 000 W.　　(B) 200 W.

(C) 20 W.　　(D) 0.

4. 甲物体质量为 m,速度为 v;乙物体质量为 $\dfrac{m}{2}$,而动能为甲物体动能的 4 倍.则乙物体速度是甲物体速度的 [ ]

(A) $\dfrac{1}{4}$ 倍.　　(B) $\dfrac{1}{2}$ 倍.

(C) 2 倍.　　(D) $2\sqrt{2}$ 倍.

*5. 在水平粗糙地面上,为使一个物体由静止开始运动,第一次用斜向上的拉力 F_1,第二次用斜向下的推力 F_2.若两次作用力大小相等,与水平方向夹角相等,发生的位移也相等,则

[ ]

(A) F_1 与 F_2 做的功相等,物体末速度不相等.

(B) F_1 与 F_2 做的功不相等,物体末速度不相等.

(C) F_1 与 F_2 做的功不相等,物体末速度相等.

(D) F_1 与 F_2 做的功相等,物体末速度相等.

6. 运动员用 100 N 的力,把质量为 1.0 kg 的足球以 16 m/s

的速度踢出.球在地面上滚动的距离为 20 m,由此求出运动员对球做的功为 [　　]

(A) 128 J.　　　　　　(B) 2 000 J.
(C) 1 872 J.　　　　　(D) 2 128 J.

7. 物体在运动过程中,初位置速度和高度分别为 v_1、h_1,末位置速度和高度分别为 v_2、h_2.如果机械能守恒,下列表达式正确的是 [　　]

(A) $mgh_1 + mgh_2 = \frac{1}{2}mv_1^2 + \frac{1}{2}mv_2^2$.

(B) $mgh_1 - mgh_2 = \frac{1}{2}mv_2^2 - \frac{1}{2}mv_1^2$.

(C) $mgh_2 - mgh_1 = \frac{1}{2}mv_2^2 - \frac{1}{2}mv_1^2$.

(D) $mgh_2 + \frac{1}{2}mv_2^2 = mgh_1 - \frac{1}{2}mv_1^2$.

二、计算题

1. 一只货箱,质量 m 为 40 kg,货箱与地面之间的动摩擦因数为 0.2.沿水平方向用力推货箱,使它在水平地面上匀速移动 10 m,推力做多少功?摩擦力做多少功?总功是多少?

2. 一拖拉机在耕地时匀速前进,120 s 内前进 240 m,拖拉机对犁的牵引力为 $2×10^4$ N.求拖拉机耕地时的功率.

3. 一车床进行切削时,切削速度为 450 m/min,消耗于切削上的功率为 36 kW.问这时车刀的切削力有多大?

4. 质量为 $5×10^3$ kg 的载重汽车,在 $6×10^3$ N 的牵引力作用下做直线运动,速度由 10 m/s 增加到 30 m/s.若汽车运动过程中受到的平均阻力为 $2×10^3$ N,求汽车速度发生上述变化所通过的路程.

5. 一架新型喷气式战斗机的质量为 $1.5×10^4$ kg,发动机的推力为 $1.48×10^5$ N,起飞速度为 80 m/s,在跑道上滑行的距离为 720 m.试计算飞机起飞时受到的平均阻力.

6. 一个物体从距地面 40 m 的高处自由落下,物体质量为 2 kg,经过几秒后,该物体的动能和重力势能相等?此时物体速度多大?(g 取 10 m/s²)

*7. 如图 5.28 所示,AB 为竖直平面内 $\frac{1}{4}$ 圆弧轨道,圆弧半径为 1 m.质量为 10 kg 的物体从 A 点由静止开始下滑,到 B 点的速度为 4 m/s,然后在水平轨道上滑行 4 m 而停下来.取 $g = 10$ m/s².试求:

图 5.28 计算题 7 图

(1) 物体在 AB 轨道上克服阻力所做的功;

(2) 物体与水平轨道之间的动摩擦因数.

8. 汽车的制动性能是衡量汽车性能的重要指标之一. 在一次汽车制动性能的测试中, 司机踩下刹车, 使汽车在阻力作用下逐渐停止运动. 表 5.1 记录的是汽车在以不同的速度行驶时制动后所经过的距离.

表 5.1 汽车的制动距离

汽车速度 $v/(\text{km} \cdot \text{h}^{-1})$	制动距离 s/m
10	1
20	4
40	16
60	?

请根据表中的数据, 分析以下问题:

(1) 为什么汽车的速度越大, 制动的距离也越大?

(2) 让汽车载上三名乘客, 再做同样的测试, 结果发现制动距离加长了. 试分析原因.

(3) 设汽车在以 60 km/h 的速度行驶的时候(没有乘客)制动, 在表中填上制动距离的近似值. 试说明你分析的依据和过程.

第 6 章

周期运动

  我们已经学过在平衡力作用下的匀速直线运动、在大小和方向都不变的恒力作用下的匀变速运动,本章研究物体在变力作用下的运动,分别讨论在大小不变而方向改变的变力作用下的匀速圆周运动和在大小和方向都改变的变力作用下的简谐运动.这两种运动都是在变力作用下的周期性运动(periodic motion),属非匀变速运动.

  通过本章的学习,将会进一步认识到牛顿运动定律对不同的机械运动都是普遍适用的,同时还可以体会到具体问题具体分析的思想方法.学习这一章要注意联系前面各章学习的知识.

  周期运动是自然界中和技术应用中常见的运动形式之一.在宏观上,大到斗转星移的天体运动;在微观世界中,小到原子内电子的运动,无不具有周期性.在生产、生活和军事技术中,大到巨型航空母舰里的各种齿轮、活塞,小到玲珑精巧的钟表里的摆、轮和指针的运动,都是周期性运动.

  周期运动知识是建筑力学、机械原理、天体力学、电工学、无线电技术等所必需的基础知识.

6.1 周期运动的概述

汽缸里活塞的运动、摆钟的下摆来回运动、砂轮上某点的运动、行星绕太阳的公转、地球的自转等,虽然这些物体运动的轨迹或是直线,或是圆弧,或是圆周,但是它们有一个共同的特点,就是往复循环,每经过一段时间就重复一次,这叫作**周期性运动**.

地球绕太阳一周需要一年的时间,地球自转一周只需一天,秒针在表盘上转一周时间为 1 min,脉搏两次跳动的时间间隔不到 1s. 可见,不同的周期运动循环重复一周所需的时间常常是各不相同的,这是周期运动的一个特征.

周　期

周期性运动的物体往复循环运动一周所用的时间叫作周期(period). 通常用 T 表示周期. 在国际单位制中,周期的单位是秒(s). 周期是描述周期性运动快慢的物理量之一.

频　率

单位时间内完成周期性运动的次数叫作频率(frequency). 频率通常用 f 表示.

频率也是表示物体做周期性运动快慢的物理量,如果用 T 表示周期,用 f 表示频率,则有

$$f = \frac{1}{T}$$

或

$$T = \frac{1}{f}.$$

在国际单位制中,频率的单位为赫兹,简称赫,符号为 Hz. 1 赫兹是指每秒内物体完成 1 个周期的运动.

周期运动比匀变速直线运动的情况要复杂一些. 因为既然是往复循环的运动,它在一个周期内速度的方向必然要发生变化,否则就不能往复. 有些周期运动还伴

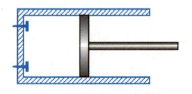

图 6.1　汽缸里活塞的运动

有速度大小的变化,如汽缸里活塞的运动(图 6.1),进气过程中活塞向右运动直至右止点(转折点),压缩过程中活塞向左运动直至左止点,向右和向左是不同的运动方向,速度方向变化了.再看速度大小,右止点是速度为零的一点,说明活塞趋近于右止点时,速度逐渐减小为零.活塞离开右止点时,速度由零逐渐增大,直至速度达到某个最大值以后又逐渐减小,继续运动到左止点,速度又减小为零.因为力是使物体运动状态发生变化的原因,所以物体做周期运动时,速度方向和速度大小的周期性变化都是受周期性外力作用的结果,下面几节将对此做进一步的讲述.

6.2 匀速圆周运动

月球相对于地球的运动速度为 1.02×10^3 m/s,这大约是空气中声音速度的 3 倍.月球用这么快的速度在我们头上飞行,我们却觉察不出来.夜归的人走到什么地方总能看到月亮,千里共婵娟,飞驰的月亮为什么相伴着夜归的人,不舍离去呢?

匀速圆周运动

质点沿圆周运动,如果在相等的时间内通过的圆弧长度相等,速度大小不改变,这种运动就叫作匀速圆周运动(uniform circular motion).它是工程技术中常见的运动形式,如电动机转子上每一点的运动,钟表指针上每一点的运动.地球绕太阳的公转也可以近似看成是质点的匀速圆周运动.

怎样描述匀速圆周运动的快慢呢?

线速度

匀速圆周运动的快慢,可以用线速度来描述.根据匀速圆周运动的定义,做匀速圆周运动的质点通过的弧长 s 与时间 t 成正比,比值越大,单位时间内通过的弧长越长,表示运动得越快.这个比值就是**匀速圆周运动的线速度**(linear velocity)**大小**.用符号 v 来表示线速度,则有

$$v=\frac{s}{t}.$$

在国际单位制中,线速度的单位为 m/s.

线速度不仅有大小,而且有方向,它是矢量.在砂轮上磨刀具时(图 6.2),可以看到刀具与砂轮接触处的火星沿砂轮的切线方向飞出.这些火星是刀具与高速旋转的砂轮接触后迸出的炽热微粒,它们脱离了旋转的砂轮,由于惯性而保持原有的运动方向.下雨天撑伞避雨,让伞绕着伞柄旋转,可以看到随伞旋转的水滴在伞的边缘沿圆周切线方向飞出.由此可见,做匀速圆周运动的质点,在圆周上任一点的线速度方向就是过该点的切线方向且指向质点前进的一侧(图 6.3).

图 6.2 在砂轮上磨刀具

线速度是矢量,匀速圆周运动中的质点在各个时刻的线速度大小虽然不变,线速度的方向却是时刻改变的.因此,匀速圆周运动一词中"匀速"只是速度大小不变的意思.匀速圆周运动是一种变速运动.

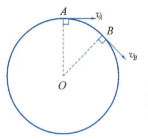

图 6.3 线速度的方向

角速度

匀速圆周运动的快慢也可以用角速度来描述.质点在圆周上运动得越快,连接运动质点和圆心的半径在相等的时间内转过的角度就越大(图 6.4),所以匀速圆周运动的快慢也可以用半径转过的角度 φ 跟所用的时间 t 的比来描述,这个比叫作**匀速圆周运动的角速度**(angular velocity).用符号 ω 表示角速度,则有

$$\omega = \frac{\varphi}{t}.$$

对于某一确定的匀速圆周运动来说,φ 与 t 的比值 ω 是恒定不变的.

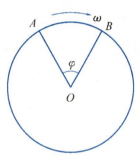

图 6.4 用角速度表示圆周运动

如果用图 6.4 的圆周表示自行车的车轮,OA 与 OB 相当于连接车轮和车轴的钢条.显然,OA 和 OB 具有相同的角速度.由此可知,同一个转动轮子上的所有点,它们的角速度相同.

角速度的单位由角度和时间来确定,在国际单位制中,角速度的单位为弧度/秒,符号为 rad/s.

匀速圆周运动是一种周期性运动,它的周期和频率也可以用来描述物体做匀速圆周运动的快慢.

在工程技术上,匀速圆周运动的频率常用转速 n 来表示.所谓转速,是指单位时间内转过的圈数.转速的单位常用转/分来表示,符号为 r/min.

> 月球绕地球的线速度为 $v = 1.02 \times 10^3$ m/s,它到地球的平均距离 $R = 3.84 \times 10^8$ m,根据 $\omega = \frac{v}{R}$,可求出月球角速度 $\omega \approx 2.7 \times 10^{-6}$ rad/s.我们坐地观月,凭肉眼是难以觉察这么小角度的,觉得月亮似乎不含离去.

线速度、角速度及周期的关系

设质点沿半径为 R 的圆周做匀速圆周运动,在一个周期 T 内质点转过的弧长为 $2\pi R$,转过的角度为 2π,则有

$$v=\frac{2\pi R}{T},$$

$$\omega=\frac{2\pi}{T}.$$

由以上两式可得

$$v=R\omega.$$

上式表明,在匀速圆周运动中,线速度的大小等于角速度的大小与半径的乘积. 在皮带传动中,因为皮带上各点线速度的大小是相等的(否则皮带就断了),所以跟皮带接触的两个皮带轮,它们轮缘上的线速度大小是相等的(图 6.5),应有

$$\omega_1 R_1 = \omega_2 R_2.$$

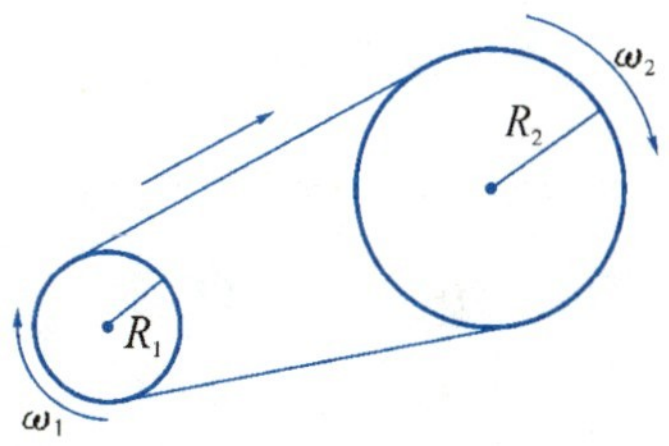

由于两轮半径不同,两轮的角速度也就不同,从而实现转速的改变. 自行车链条传动、机器里齿轮传动能够改变转速就是这个道理.

图 6.5 轮缘上线速度大小相等

> **例 1** 一半径为 20 cm 的砂轮,它的转速为 3×10^3 r/min. 砂轮边缘的某一个质点做匀速圆周运动的周期是多少?线速度和角速度分别是多大?

分析与解答 砂轮的转速为 3×10^3 r/min, $n=50$ r/s, 每秒完成了 50 次周期性运动, $f=50$ Hz.

$$T=\frac{1}{f}=\frac{1}{50}\text{ s}=0.02\text{ s}.$$

根据公式,有

$$\omega=\frac{2\pi}{T}=\frac{2\times 3.14}{0.02}\text{ rad/s}=314\text{ rad/s},$$

$$v=R\omega=0.20\times 314\text{ m/s}=62.8\text{ m/s}.$$

思考与练习

1. 列举一些做周期性运动的例子.
2. 对于做匀速圆周运动的质点,下列哪些说法是正确的?

为什么？

(1) 角速度不变；

(2) 周期不变；

(3) 线速度不变；

(4) 转速不变；

(5) 线速度大小不变.

3. 手表秒针上各点的周期、角速度是否相同？线速度的大小是否相同？

4. 半径为 10 cm 的砂轮，每分钟转 300 r，砂轮旋转的角速度 ω 是多少？砂轮边缘上的线速度 v 有多大？

5. 在皮带传动中(图 6.6)，如果大轮的半径为 r_1，小轮的半径为 r_2，求大、小轮的角速度之比.如果大轮半径是小轮半径的 5 倍，小轮的转速为 450 r/min，求大轮的转速.

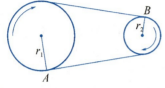

图 6.6　思考与练习 5 图

6.3　向心力

火车轨道拐弯的地方，外轨要比内轨高一点，以使火车驶经弯道处时车厢微倾，否则火车在弯道处会出轨.骑自行车拐弯的时候，人和车必定要向拐弯的内侧倾斜一些，否则拐不了弯.乘客坐在公交车里随车转弯的时候，会感到身体受到了车厢的压力.这些现象都是什么原因引起的呢？

向心力

在上一节中，我们已经知道匀速圆周运动是一种变速运动.力是使物体速度发生改变的原因，做匀速圆周运动的质点是在什么样的合外力作用下运动的呢？

我们先来分析匀速圆周运动质点所受的合外力的方向.用一条细绳拴着一个小球，让它在光滑的水平桌面上做匀速圆周运动(图 6.7).小球受到的重力与桌面的支持力是一对平衡力.小球还受到绳对它的拉力 F 的作用，这个拉力的方向不断变化，总是沿半径指向圆心.虽然小球的惯性要使自己做匀速直线运动——使自己沿着圆周的切线方向飞出去，但是这个指向圆心的拉力 F 却不让小球飞出去，而是让小球做圆周运动.

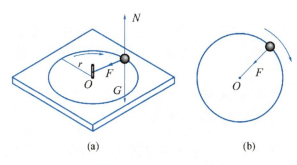

图 6.7 小球在水平桌面上做匀速圆周运动

如果用一条细绳拴着小球,捏住绳子的上端,使小球在水平面内做圆周运动,细绳就沿圆锥面旋转,这样就成了一个圆锥摆(图 6.8).小球受到重力和绳子拉力的作用,因为小球始终只在同一个水平面内运动,所以重力和拉力的合力一定在水平面内.用平行四边形定则可以求出这两个力的合力也是指向圆心的.这个指向圆心的合力让小球做圆周运动.

可见,做匀速圆周运动的物体不管受到什么样力的作用,物体所受一个或几个力的合力始终沿着半径指向圆心,这个**沿着半径指向圆心的力**叫作**向心力**(centripetal force).

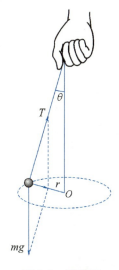

图 6.8 圆锥摆

我们学过的重力、弹力、摩擦力或者它们的合力等,都可以作为向心力.下面再通过一个例子说明向心力的来源.

在火车转弯的地方铺设铁轨时,总是使外轨适当高一些,使轨道平面向圆心一侧倾斜一个很小的角度,这时火车所受的支持力 N 不再与重力 G 平衡,它们的合力 F 指向圆心,这个合力就是火车转弯时所需的向心力(图 6.9).高速公路弯道处也是外侧比内侧路面高.

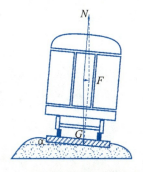

图 6.9 火车转弯时的受力情况

通过实验研究可以探求决定向心力大小的因素.如果让一个小球做匀速圆周运动,小球的质量为 m,小球做匀速圆周运动的半径为 r,它的线速度的大小为 v,实验证明,做匀速圆周运动的小球所需的向心力的大小为

$$F = m\frac{v^2}{r}$$

利用角速度和线速度的关系 $v = r\omega$,代入上式,还可以得

$$F = m\omega^2 r.$$

> 骑自行车在水平路面上拐弯,人和车向圆的内侧倾斜时,地面对车的作用力就不在竖直方向了,受力分析跟火车转弯相似,如图 6.10 所示.

联系前面学过的动能定理,由于向心力的方向跟线速度方向垂直,向心力不做功,所以没有动能改变量——向心力不能改变线速度的大小.向心力只改变线速度的方向.

图 6.10 骑自行车的人在水平路面上拐弯时的受力情况

例 2 一质量为 m 的汽车在桥上匀速行驶,设走到桥中央时汽车的速度为 v. 在下列两种情况下,求汽车施于桥的压力(图 6.11):

(1) 桥面是凸形的,半径为 R;
(2) 桥面是凹形的,半径为 R.

分析与解答 (1) 虽然是求桥受的力,但仍以汽车为考察对象. 首先分析汽车受力情况. 汽车在桥中央时受两个力的作用:重力 G,竖直向下;桥面的支持力 N,竖直向上. 这时汽车做圆周运动受到的向心力就是这两个力的合力. 取指向圆心的方向为正方向,则对于图 6.11(a),有

$$G - N = m\frac{v^2}{R},$$

所以

$$N = G - m\frac{v^2}{R}.$$

车施于桥的压力 N' 是 N 的反作用力,根据牛顿第三定律,有

$$N' = G - m\frac{v^2}{R},$$

其方向竖直向下.

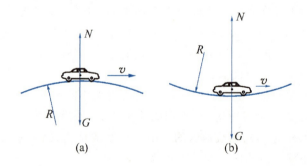

图 6.11 例 2 图

(2) 对于图 6.11(b),有

$$N - G = m\frac{v^2}{R},$$
$$N = G + m\frac{v^2}{R}.$$

根据牛顿第三定律,车对桥的压力为

$$N' = G + m\frac{v^2}{R}.$$

N' 的方向竖直向下.

从解题答案可以得知：当汽车通过弧形桥面时，凸形桥面受的压力小于汽车的重力，凹形桥面受的压力大于汽车的重力.

例 3 用行车吊运 2.8×10^3 kg 的铸件（图 6.12），图中 l 长度为 3 m. 当行车以 3 m/s 的速度行驶时突然刹车，问铸件将怎样运动？铸件受到钢丝绳的拉力有多大？

图 6.12 例 3 图

分析与解答 当行车突然刹车时，铸件由于惯性和钢丝绳的拉力的作用，将以速度 v 沿着半径为 l 的圆弧运动. 作用在铸件上的力有钢丝绳的拉力 T 和铸件的重力 G，它们的合力就是铸件做圆周运动所需的向心力.

$$T-G=m\frac{v^2}{l},$$

$$T=G+m\frac{v^2}{l}$$

$$=2.8\times10^3\times9.8\text{ N}+2.8\times10^3\times\frac{3^2}{3}\text{ N}$$

$$\approx 3.6\times10^4\text{ N}.$$

可见，刹车时钢丝绳承受的拉力大于铸件的重力，在力学原理上类似于汽车通过凹形桥中央时的情况. 为了安全，行车吊运物件时下方禁止站人.

向心加速度

做圆周运动的质点，在向心力 F 的作用下，必然要产生加速度. 根据牛顿第二定律，这个加速度的方向与向心力的方向相同，总是指向圆心，叫作**向心加速度**.

根据 $F=ma$，向心加速度 a 的大小为

$$a=\frac{v^2}{r}$$

或

$$a=r\omega^2.$$

用运动学的理论可以证明，向心加速度是由于线速度方向变化而产生的.

对于某一确定的匀速圆周运动来说，m、r、v、ω 的大小都不变，所以向心力和向心加速度的大小是不变的，但向心力和向心加速度的方向时刻在改变. 匀速圆周运动是一种在变力作用下加速度变化的运动，属于非匀变速运动.

小实验　简易测量向心力

图6.13　简易测量向心力装置

让尼龙线穿过圆珠笔杆,线的一端拴一小块橡皮,另一端系在弹簧秤上(图6.13),握住笔杆,使小橡皮块平稳旋转,近似于做匀速圆周运动.这样,使小橡皮做匀速圆周运动的向心力可近似认为是尼龙线的拉力,从弹簧秤上可读出.当保持圆周半径不变时,加快旋转,从弹簧秤上可看出向心力随之增大.保持角速度不变,改变圆周半径,会看到半径增大时向心力也随之增大.

　离 心 运 动

做匀速圆周运动的物体,必须受到一定大小的向心力,才能使物体的速度方向变化时始终沿着原来圆周的切线方向.如果没有向心力把物体"拉住",强迫物体改变速度方向,物体由于惯性将沿圆周的切线方向飞出;若物体所受的合外力不足以提供沿原来的圆周做圆周运动所需要的向心力(图6.14),物体的速度方向就改变得不够,它将逐渐远离圆心.这种运动叫作离心运动.

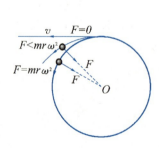

图6.14　物体做离心运动

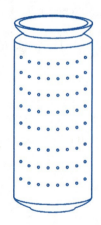

图6.15　离心脱水器

根据离心运动的原理可以做成许多离心机械.常用的离心脱水器就是其中的一种(图6.15).离心脱水器的主要部分是一个可以转动的筒,筒壁上有许多小孔,湿的物体就放在筒内.当筒转动很快的时候,水滴跟物体间的附着力小于水滴沿原来的圆周做圆周运动需要的向心力,水滴就离开物体,穿出小孔,飞出筒外.这就是洗衣机脱水筒的工作原理.

有时离心运动也会造成危害,需要设法防止.例如,汽车转弯的地方不允许超过规定的速度,因为转弯时的速度越大,需要的向心力也越大,若路面不能产生所需要的向心力,汽车就要做离心运动而超出路面造成交通事故.高速转动的砂轮,飞轮不能超过允许的最大转速,如果转速过高,飞轮内部的相互作用力小于需要的向心力时,离心运动会使它们破裂,酿成事故.

思考与练习

1. 一个 2.0 kg 的物体在半径为 2.0 m 的圆周上以 4.0 m/s 的速度运动,所需的向心力多大?向心加速度多大?

2. 如图 6.16 所示的皮带传动装置中,主动轮的半径 r_1 大于从动轮的半径 r_2,轮缘上的 A 点和 B 点的向心加速度哪一个大?为什么?A 点和 AO 的中点 C 的向心加速度哪一个大?为什么?

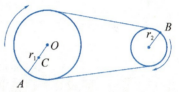

图 6.16 思考与练习 2 图

3. 按照运动性质分类,匀速圆周运动属于 [ ]

(A) 惯性运动.

(B) 匀变速运动.

(C) 非匀变速运动.

(D) 以上三种说法都不对.

4. 在质点做匀速圆周运动中,下列物理量不变的是 [ ]

(A) 线速度.

(B) 向心加速度.

(C) 角速度.

(D) 上述三个量都不改变.

5. 当飞机在竖直平面内沿圆弧俯冲经过最低点(图 6.17)或在水平面内转弯时(图 6.18),试画出飞机的受力图,并说明向心力的来源.

图 6.17 思考与练习 5 图

图 6.18 思考与练习 5 图

图 6.19　思考与练习 6 图

*6. 在传统杂技节目水流星中,试分析水杯中的水在最高点时不流下的原因(图 6.19).

7. 汽车的质量为 800 kg,驶过一半径为 50 m 拱桥的顶端,速度为 5 m/s.求此时汽车对桥的压力.(g 取 10 m/s^2)

8. 月球到地球的距离为 3.84×10^8 m,月球绕地球运动的线速度为 1.02×10^3 m/s,月球的质量为 7.35×10^{22} kg.试求月球围绕地球运动的向心加速度 a 和它所受的向心力 F 的大小.

6.4　万有引力定律

人类曾经长期错误地认为地球是宇宙的中心,日、月、星辰都是围绕着地球旋转的,直至 1542 年才由波兰科学家哥白尼提出行星是围绕太阳旋转的.1609 年德国天文学家开普勒通过观测证实了哥白尼的学说.经过进一步的研究,人们终于认识到,行星绕太阳运行的轨道与圆轨道近似,可以认为行星是以太阳为圆心做匀速圆周运动的.

行星做匀速圆周运动的向心力是由什么来提供的呢?

万有引力定律

牛顿认为,宇宙中任何两个物体间都有相互作用的引力,引力的大小与物体的质量、物体间的距离有关.他于 1687 年提出了万有引力定律.

任何两个物体都是相互吸引的,引力的大小跟两个物体的质量乘积成正比,跟它们距离的平方成反比.这就是**万有引力定律**(law of universal gravitation).

如果用 m_1 和 m_2 来表示两个物体的质量,用 r 表示它们之间的距离,用 F 表示它们相互间的引力,那么万有引力定律可以表示成

$$F = G\frac{m_1 m_2}{r^2}.$$

式中 G 称为**引力常量**.如果质量的单位用 kg,距离的单位用 m,力的单位用 N 表示,则测定的 G 值为 6.67×10^{-11} N·m^2/kg^2.

根据万有引力定律,两个质量都为 1 kg 的物体相距 1 m 时的相互作用力仅为 6.67×10^{-11} N. 通常两个物体之间的万有引力是微不足道的,我们在分析问题时可不予考虑. 但是,在天体(celestial body)之间,天体的质量特别巨大,万有引力对于天体的运动起着决定性的作用.

万有引力定律的发现是 17 世纪自然科学最伟大的成就,它把地面上的物体和天体之间运动的规律统一起来,天地和谐. 它第一次揭示了自然界中一种基本相互作用的规律.

万有引力定律的发现,在人类文化发展史上也有重要的意义. 它破除了人们对天体运动的神秘感,表明了人类有智慧、有能力理解天地间的事物,这对于科学文化的发展起了极大的鼓舞和推动作用.

万有引力定律在天文学上的应用

应用万有引力定律可以计算天体的质量. 卫星(或行星)围绕天体的运动可以近似地看作是匀速圆周运动. 假设 M 是某个天体的质量,m 是它的一个卫星(或行星)的质量,r 是它们之间的距离,T 是卫星绕天体运动的周期,$\omega=\dfrac{2\pi}{T}$ 就是卫星的角速度. 由于这个天体对它的卫星的引力就是卫星围绕天体运动的向心力. 所以

$$G\frac{mM}{r^2}=mr\omega^2=mr\frac{4\pi^2}{T^2}.$$

由上式可得

$$M=\frac{4\pi^2 r^3}{GT^2}.$$

测出 r 和 T,就可以算出天体质量 M 的大小. 例如,地球绕太阳公转轨道的半径为 1.49×10^{11} m,公转的周期为 3.16×10^7 s,所以太阳的质量为

$$M=\frac{4\times 3.14^2\times (1.49\times 10^{11})^3}{6.67\times 10^{-11}\times (3.16\times 10^7)^2}\text{ kg}\approx 1.96\times 10^{30}\text{ kg}.$$

同理,根据月球绕地球运转的轨道半径和周期,可以计算出地球的质量为 5.98×10^{24} kg.

海王星的发现是一个应用万有引力定律取得重大成就的例子. 在 18 世纪,人们已经知道太阳系有 7 颗行星,其中 1781 年发现的第 7 颗行星——天王星的运动轨道,总是同根据万有引力定律计算出来的有比较大的偏离. 当时有人推测,在天王星轨道外面可能还有一个未发现的行星,它对天王星的作用引起了上述的偏离. 英国的亚当斯和法国的勒维烈都利用万有引

> 牛顿逝世后,1789 年英国物理学家卡文迪许设计、制造了精巧的实验装置[扭秤(torsion balance)],第一次在实验室里比较精确地测出了引力常量. 这不仅用实验证明了万有引力的存在,而且使得万有引力定律有了极大的实用价值. 例如,利用地面上重力加速度 g 的值,就可以计算出地球的质量,即
>
> $$mg=G\frac{mM_\text{地}}{R_\text{地}^2},$$
> $$M_\text{地}=\frac{gR_\text{地}^2}{G}.$$
>
> 卡文迪许被誉为"能称出地球质量的人".

力定律各自独立地计算出这个新行星的轨道. 1846年9月18日勒维烈通知柏林天文台注意观察, 23日晚果然在勒维烈预言的位置发现了后来叫作海王星的新行星. 这是科学家运用所掌握的规律预言未知事物的一个光辉例证. 人们把这个先被预言而后发现的行星形容为"笔尖上的海王星".

阅读材料

宇　宙

像太阳这样, 由炽热气体组成的发热、发光近似球体的天体叫作恒星. 人类赖以生存的地球, 是太阳系的9颗行星之一. 太阳是离我们最近的恒星, 太阳系之外还有无数的恒星.

由于万有引力的作用, 恒星有"聚集"的特点. 众多的恒星组成了不同层次的恒星系统. 最简单的恒星系统是两颗互相绕转的恒星, 叫作双星. 当在一起绕转的恒星超过10颗时, 叫作星团. 无数的恒星、双星、星团组成了高一层次的系统, 叫作星系. 太阳系所在的星系是银河系. 在万里无云的晴空夜晚, 深蓝而灰暗的天幕上显现的一条模糊的银白色光带, 犹如银色天河, 就是银河.

银河系之外的其他星系, 统称河外星系, 星系间由于万有引力的作用而相互聚集, 就形成了更高层次的系统, 叫作星系团、超星系团. 由小到大不同层次的天体就组成了宇宙. 人类现在所认识的宇宙, 目前已能观察到约150亿光年距离的河外星系.

宇宙有多大? 宇宙是有限的, 还是无限的? 人们一直想寻求答案. 前面介绍过"哈勃"太空望远镜, 其使命之一就是探测宇宙有无边缘. 宇宙如果是无限的, "哈勃"太空望远镜就看不到头; 如果是有限的, 就能看到它的弯曲. "哈勃"太空望远镜如果能观察到遥远星系中的星体爆炸, 科学家就能通过测量来分析宇宙是如何延伸的.

现代观测表明, 除银河系附近几个星系之外, 几乎所有的星系都在远离银河系, 而且远离的速度跟距离成正比, 这说明宇宙在膨胀. 根据这个观测事实, 科学家提出了现代宇宙学中一个较为成熟的理论——宇宙大爆炸理论. 这个理论认为, 宇宙起源于130亿～200亿年前的一次大爆炸. 爆炸初期, 宇宙中所有物质是聚积在一起的,密度非常大,温度非常高.高温下宇宙就不断膨胀,膨胀导致温度逐渐下降,物质聚积成星系、恒星、行星,生命逐渐形成.

运动是永恒的,宇宙还将继续演化下去.有关宇宙的课题,人们还要不断地探索、研究.

6.5 空间技术

自古以来,人们就向往着离开地面到天上去.美丽的神话故事嫦娥奔月,表达了人们对月宫的遐想.怎样才能"上九天揽月"呢?

宇宙速度

因为地球对周围的物体具有吸引力,因而抛出的物体一般总要落回地面.在同一高度,如果抛出物体的初速度越大,物体就被抛得越远.牛顿曾设想过,从高山上抛出的物体,如果速度一次比一次大,那么物体将离山脚一次比一次远,当速度足够大时,物体将永远不会落到地面上来,它将环绕地球运动,成为人造地球卫星,如图6.20所示.

那么,人造地球卫星应具有多大的速度,才能绕着地球做匀速圆周运动呢?

设人造地球卫星的质量为 m,围绕地球表面做圆周运动的轨道半径为 R(地球半径),卫星的速度为 v,地球的质量为 M,人造地球卫星做圆周运动所需的向心力是地球对它的吸引力,即

$$G\frac{Mm}{R^2}=m\frac{v^2}{R}.$$

又因为地表物体受地球的吸引力就是重力 mg,有

$$mg=G\frac{Mm}{R^2},$$

由此可得

$$v=\sqrt{Rg}.$$

由于人造地球卫星离地面较近,卫星轨道半径近似等于地球半径 $R=6.4\times10^6$ m,于是得

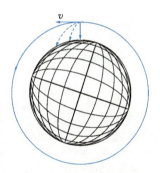

$v=0$ 做自由落体运动;
$v<7.9$ km/s 做平抛运动;
$v=7.9$ km/s 做环绕地球的运动

图6.20 人造地球卫星环绕地球运动

$$v=\sqrt{gR}=\sqrt{9.8\times6.4\times10^6}\ \text{m/s}\approx7.9\times10^3\ \text{m/s}.$$

7.9 km/s 就是人造地球卫星围绕地球运动而不至于落下的最小速度，被称为第一宇宙速度．它就是地表卫星的环绕速度．

当 7.9 km/s＜v＜11.2 km/s 时，人造卫星绕地球运动的轨道将不是圆，而是椭圆．当 v≥11.2 km/s 时，人造卫星就可以挣脱地球引力的束缚，成为绕太阳运动的人造行星，这个速度被称为第二宇宙速度．

当人造卫星速度大于或等于 16.7 km/s 时，它就能挣脱太阳引力的束缚，沿双曲线轨道飞到太阳系以外的宇宙空间中去，这个速度被称为第三宇宙速度．

航天器

航天器指的是在地球大气层以外按天体力学运动规律运行的飞行器．航天器分为无人航天器和载人航天器．无人航天器分为人造地球卫星、空间探测器和货运飞船，载人航天器分为载人飞船、空间站、航天飞机、空天飞机．

1. 人造地球卫星

1957 年 10 月 4 日，苏联把第一颗人造地球卫星成功地送上了太空轨道，开创了空间科学的新纪元．随后，1958 年 1 月 31 日，美国也成功地发射了一颗人造卫星．1970 年 4 月 24 日，我国首次成功发射了"东方红 1 号"人造卫星．迄今我国已向太空发射了近百颗各种用途的人造卫星．以下简要介绍一些应用卫星．

（1）通信卫星．

图 6.21 用三颗同步卫星可实现全球通信

只要在赤道上空的同步轨道上均匀地分布三颗通信卫星（图 6.21），就可以形成覆盖全球的卫星通信网．卫星通信具有通信距离远、传输质量高、通信容量大、抗干扰能力强、灵敏可靠等特点．利用通信卫星，世界各地发生的新闻、精彩的体育赛事等都能及时传播到各个角落．中国在 1984 年 4 月 8 日成功地发射第一颗试验通信卫星，命名为"东方红二号"．通信卫星的发展大大缩短了人与人之间的距离，促进了各国文化、科技、经济的交流．

（2）导航卫星．

全球导航卫星系统是利用一组卫星，在地球表面或近地空间的任何地点为用户提供全天候的三维坐标、速度以及时间信息的导航定位系统．现有美国 GPS、俄罗斯 GLONASS、欧盟 GALILEO 和中国北斗卫星导航系统．20 世纪 90 年代开始，我国启动研制北斗卫星导航系统，是我国自主建设、独立运行，与世界其他卫星导航系统兼容共用的全球卫星导航系统,可在全球范围、全天候、全天时为各类用户提供高精度、高可靠的定位、导航、授时服务.先后建成"北斗一号""北斗二号""北斗三号"系统.2018年12月,"北斗三号"系统基本完成建设,完成19颗卫星发射组网,开始提供全球服务,标志着北斗卫星导航系统服务范围由区域扩展为全球,北斗卫星导航系统正式迈入全球时代.

(3)气象卫星.

气象卫星的出现,使气象观测发生了重大变革,它利用大气遥感技术拍摄全球的云图,观测全球的大气温度、云层变化等.气象卫星的使用大大提高了气象预报的及时性、准确性.1988年发射了第一颗"风云一号"气象卫星,1997年中国发射了"风云二号"气象卫星,气象卫星为国民经济建设发挥了巨大作用.

(4)地球资源卫星.

在卫星上装上高分辨率的电视摄像机、微波辐射仪等遥感仪器,可用来勘测地球表面的森林、水力和海洋资源,还可以调查地下矿藏和地下水源,可观察农作物长势,监测农作物的病虫害,发现森林火灾,监测环境污染,拍摄地质图、地貌图、水文图等各种地图.

(5)科学卫星.

科学卫星主要用来取得地面上无法得到的丰富观测资料,对太阳、行星和宇宙空间进行研究,从而促进天文学、天体物理、微观物理等学科的发展.应用科学卫星对太阳系行星进行探测,可以开展对天体起源与演化、生命起源与演化的研究.2017年8月,我国量子科学实验卫星"墨子号"成功实现了世界首次的星地量子密钥分发和地星量子隐形传态.

(6)军事卫星.

军事卫星利用各种遥感器或无线电接收机等侦察设备收集地面、海洋或空中目标的信息,获取军事情报,它能提供战场上空的实时气象资料,为地面战车、飞机、水面舰艇、地面部队甚至单兵提供精确位置、速度和时间信息,为导弹和炮弹精确制导,提高武器的使用效率,能测定打击目标的坐标和地形图,测定坐标,甚至有的卫星能自身爆炸或发射导弹、激光或粒子束,用以攻击或破坏敌方卫星.

随着科学技术的发展,科学家们还提出十分诱人的设想,如建造太阳能卫星发电站,利用卫星吸收太阳能并向地球发送电能;建造"太空工厂",开发月球,充分利用月球上丰富的资源等.

2. 空间探测器

空间探测器,又称深空探测器或宇宙探测器,是对月球和月球以外的天体和空间进行探测的无人航天器. 空间探测器装载科学探测仪器,由运载火箭送入太空,飞近月球或行星进行近距离观测,对人造卫星进行长期观测,着陆进行实地考察,或采集样品进行研究分析. 空间探测器按探测的对象划分为月球探测器、行星和星际探测器、小天体探测器等.

空间探测器的显著特点是能在空间进行长期飞行,地面不能进行实时遥控,所以必须具备自主导航能力;向太阳系外行星飞行,远离太阳,不能采用太阳能电池阵,必须采用核能源系统;采用特殊防护结构,能承受十分严酷的空间环境条件;特殊形式的结构设计可以在月球或行星表面着陆或行走.

3. 宇宙飞船

1961 年 4 月 12 日,苏联宇航员加加林乘坐宇宙飞船"东方一号"第一个飞出大气层,绕地球飞行了 108 min 后安然返回地面. 经过 1961 年到 1969 年近 10 年时间的努力,人类终于实现了登月飞行. 1969 年 7 月 16 日,美国宇航员阿姆斯特朗和奥尔德林乘坐"阿波罗 11 号"宇宙飞船经过 5 天的太空飞行,在 7 月 20 日首次实现了人类登月的梦想. 两人在月球上停留了 21 min,进行了安装仪器、采集标本等工作后顺利返回地球.

我国自 1956 年建立了专门的航天研究机构以来,航天事业有了飞速的发展. 1999 年 11 月 20 日,中国第一艘载人航天实验船"神舟一号"在酒泉基地升空,次日在内蒙古中部成功着陆. 2001 年 1 月 1 日,中国无人飞船"神舟二号"升空后,在北京航天指挥控制中心统一指挥和调度下,实施了"变轨"和"轨道维持"后,于 1 月 16 日在内蒙古中部着陆. 2002 年 3 月 29 日我国发射了"神舟三号"无人飞船,北京的控制中心通过相关的地面测控站启动船载小动量发动机,成功地进行高精度的轨道维持,使飞船按预定轨道运行后着陆. 又经过 2002 年 12 月 30 日发射"神舟四号"的科学实验,我国已完全具备了载人宇航技术. 2003 年 10 月 15 日 9 时,中国成功地发射了"神舟五号"载人宇宙飞船,飞船绕地球运行 14 圈以后,于次日 6 时许,它的返回舱将宇航员平安送达地面. 2005 年 10 月 12 日时,中国成功发射"神舟六号"宇宙飞船,取得"两人五天"飞行的圆满成功. 后陆续发射"神舟七号""神舟八号""神舟九号""神舟十号""神舟十一号"宇宙飞船. 2013 年 12 月 2 日 1 时 30 分,中国成功发射首个登月探测器,我国的航天技术已处于世界领先水平.

4. 航天地面站

地面站(ground station)是卫星或航天系统的一个组成部分,即设置在地球上的进行太空通信的地面设备.地面站的任务主要是监控卫星运转情况、接收遥感和遥测数据以及对信息进行数据处理和贮存等.我国于1986年建成了遥感卫星地面站,逐步形成了接收美国 Landsat、法国 SPOT、加拿大 RADARSAT 和中巴 CBERS 等遥感卫星数据的能力,是世界上接收与处理卫星数量最多的机构之一,目前存有1986年以来的各类卫星数据资料超过400万景.地面站建有密云、喀什、三亚、昆明、北极五个卫星接收站,具有覆盖我国全部领土和亚洲70％陆地区域的卫星数据实时接收能力.

太空探险

太阳、月球、金星等其他星球是由什么组成的？这些星球上是否有山、水、生命？人类一直想解开这些谜.随着科学技术的进步,人类对其他星球的探测已经取得了一些成果.

1. 太阳

由俄罗斯送入运行轨道的"科罗纳斯号"卫星考察了太阳的内部构造、活动的实质和性质,以及太阳的整体振动,研究了太阳的宇宙射线及太阳的无线电光谱.而由美国发射的"尤利塞斯号"探测器于1995年飞越了太阳的南北极区,实现了人类第一次从三维立体角度来探测太阳的南北极.

2. 月球

1969年,"阿波罗十一号"登月舱在月球赤道附近成功着陆,第一次在月球表面上留下了人类的足迹,如图6.22所示. 2018年12月8日凌晨,人类航天器首次开启月球背面"登陆"之旅,中国长征三号乙运载火箭在西昌卫星发射中心点火升空,成功地将"嫦娥四号"探测器送上太空,经过38万公里、26天的漫长飞行,2019年1月3日,"嫦娥四号"探测器成功地着陆在月球背面南极附近的艾特肯盆地预选着陆区(图6.23),随后,月球车"玉兔二号"到达月面开始巡视探测.至今已有12人到达月球,对月球进行了广泛的考察,他们拍摄了月球表面的照片,带回了月球上的岩石和土壤,科学家基本上搞清了有关月球的大体情况.例如,月球上没有水和空气,因受到强烈的太阳光辐射,没有任何生物生存的基本条件,连细菌之类的最低等生物也不存在,等等.

图6.22 月球上人类的脚印

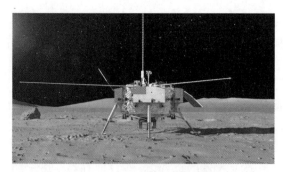

图 6.23 "嫦娥四号"着陆器

3. 金星

从 1960 年开始,苏联和美国都着手对金星进行探测工作. 1962 年 12 月 14 日美国发射的飞行器从金星上空 3 万多千米的高度掠过,对金星进行了 42 min 的"就近"科学考察. 1967 年 10 月苏联发射的"金星四号"探测器记录到了有关金星上大气含量的资料. 其后的"金星七号"探测器测得金星表面的温度为 (475 ± 20) ℃. 1975 年 10 月苏联发射的"金星九号"和"金星十号"航天飞行器先后到达了金星,首次在金星上自动拍摄了金星的照片,并传回地面.

4. 火星

图 6.24 从"祝融号"火箭车发回的火星表面图像

自 1965 年 7 月,美国的"水手四号"飞行器逼近火星,第一次发回火星照片和资料,人类就开始了解火星表面的大气层、峡谷和火山. 科学家还对火星土壤进行化学分析和生命检验实验,一些科学家认为火星上可能存在着生命. 2021 年 5 月 15 日,中国火星探测任务"天问一号"探测器在环绕火星轨道上释放"祝融号"火星车,着陆火星开展探测,探寻火星的演化及生命活动信息,探讨火星的改造与建立人类第二个栖息地的前景. "天问一号"的发射,使中国成为第二个独立掌握火星着陆巡视探测技术的国家.

5. 木星

科学家猜测木星上可能有生物存在,因为其大气层构成与古时地球的大气层组成相似. "先驱者十号"是最先到达木星探测的航天器,它花了 21 个月的时间飞近木星,拍摄了第一幅木星照片,还测量了木星的磁场、大气、行星际物质等数据资料. "尤利塞斯号"太阳探测器于 1992 年飞近木星,探测到木星表面的等离子体、无线电波和 X 射线等.

人类还对太阳系中的土星、水星、天王星、海王星做了探测,并获得了许多宝贵的资料.

为了能够在其他星球上找到可能与地球上人类有联系的

高等生物,美国于1977年发射了两颗"旅行者号"探测器,它们以第三宇宙速度飞离地球,并分别于1988年、1989年底飞离太阳系而进入茫茫宇宙.它们携带着人类60多种语言的问候语、35种自然音响及27首代表性乐曲.这些音响资料被录制在一枚镀金铜质唱片上,它在宇宙真空中可完好保存10亿年以上.

空间开发前景

展望未来,空间科学技术将会有新的更大的发展,科学家们预言,将来人们可以在其他星球上生活、工作、休闲,太空将成为人类频繁往返的新场所.

美国科学家设计了轮船形和伞形两种太空城模型.轮船形太空城可供1万人居住.它以每分钟1转的速度旋转以产生人造重力.居住区内除住房、学校等建筑外,还有农业生产区.伞形太空城,像两把张开的大伞,伞柄呈圆筒状,可居住100万人,每2 min旋转1圈,内部和地球上一样,也有各种建筑、道路、高山河流等,还可人工降雨.

当未来人们在太空建起一些永久性的居住区以后,人类就可以在这些居住区建工厂、办农场、设科研所、造太空港等,从而缓解地球上"人口爆炸""资源匮乏"的趋势.当然这些理想的实现还需要大家刻苦钻研,努力掌握科学文化知识.因为要想在太空留下自己的脚印,首先就得在地球上留下坚实的"脚印".

思考与练习

1. 宇航员在月球上虽然能轻步却不能慢移,总是身不由己地跃行,这是什么原因呢?

2. 两辆汽车质量都为1×10^4 kg,相距20 m,它们之间的引力多大?试把它与汽车所受重力的大小进行比较.

3. 太阳的质量约为2.0×10^{30} kg,地球的质量约为6.0×10^{24} kg,太阳和地球的平均距离为1.5×10^{11} m.太阳和地球间的万有引力有多大?

6.6 简谐运动

振动这种运动形式跟我们的生活息息相关,人们就是靠声带的振动讲话发声的,脉搏的跳动也是振动.自然界里的一切声音都源自振动.我们能够听到声音,是耳膜振动的结果.试想如果地球上没有各种各样的振动,世界上就不会有声音,在寂静的世界里,还会有今天的文明吗?

振 动

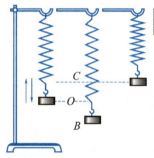

图 6.25 重物沿竖直方向做上下往复运动

将弹簧的一端固定,另一端挂一重物,拉一下重物,然后放开,重物就会沿竖直方向做上下往复运动(图 6.25).用一根细线将一重球挂在天花板上,让小球偏离平衡位置,小球将在平衡位置附近沿弧线来回往复运动.物体在一定位置的两侧来回往复运动,这种周期性的运动叫作**机械振动**,简称**振动**(vibration).

简谐运动

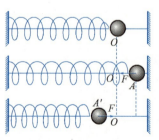

图 6.26 弹簧振子的简谐运动

如图 6.26 所示,把一个有小孔的小球和轻质弹簧连在一起,穿在光滑的水平杆上,弹簧一端固定,小球可以在杆上滑动,弹簧的质量可忽略不计.这种装置叫作**弹簧振子**.

图中小球静止在 O 点时,弹簧没有形变,对振子没有弹力的作用.O 点是弹簧振子的平衡位置,把振子拉到平衡位置右方的 A 位置,再放开,振子就以 O 点为中心位置在水平杆的 A 和 A' 点之间不停地做往复运动,且 OA 等于 OA'.振子由 A 点开始,经 O 点运动到 A',再由 A' 点经 O 点回到 A 点,完成一次**全振动**.此后振子继续重复这样的运动.

下面从动力学角度分析弹簧振子的振动过程.

弹簧振子在运动过程中,它所受的重力跟杆对它的支持力互相平衡,所以它始终只受弹力作用.当振子被向右拉到 A 点时,弹簧被拉伸,这时小球受到向左的指向平衡位置的弹力作用,放开振子后,它在这个力的作用下向左做加速运动.振子越接近平衡位置,弹力越小,加速度也越来越小.在这个过程中,加速度的方向与速度的方向相同,所以速度越来越大.

当振子经过平衡位置时,弹簧的形变消失,振子不再受到弹力的作用,它的加速度为零,速度不再继续增大,这时振子的速度最大.由于惯性,它将继续向左运动.

振子越过平衡位置向左运动的过程中要压缩弹簧,被压缩的弹簧就产生一个向右的弹力,并越来越大,使振子做减速运动.当振子运动到位置 A' 点时,它的速度减为零.在压缩弹簧的弹力的作用下,振子又向右做加速运动,并越过平衡位置,回到 A 点,完成一次全振动.

由于弹力的方向跟振子偏离平衡位置的位移方向相反,弹力总是指向平衡位置.弹力的作用是使振子能返回平衡位置,所以叫作**回复力**(restoring force).没有回复力就不会产生振动.根据胡克定律,在弹簧发生弹性形变时,弹簧振子的回复力 F 跟位移 x 成正比,可以表示为

$$F = -kx.$$

式中 k 为比例常数,对弹簧振子来说,它就是劲度系数;式中的负号,表示回复力的方向与振子位移的方向相反.

物体在跟位移大小成正比,并且总是指向平衡位置的回复力作用下的振动,叫作**简谐运动**(simple periodic motion).简谐运动是各种形式振动中运动规律最简单的振动.

根据牛顿第二定律,做简谐运动的物体的加速度的大小与回复力的大小成正比,方向与回复力的方向相同,也是指向平衡位置.可见简谐运动的回复力和加速度的大小、方向都是变化的,简谐运动为非匀变速运动.

周期和振幅

怎样描述简谐运动的情况呢?

因为简谐运动是周期运动的一种,所以可以用周期和频率描述简谐运动的快慢.

做简谐运动的物体完成一次全振动所需的时间是一定的,这个时间就是振动的周期.

单位时间内完成的全振动的次数,叫作振动的频率.

振动物体总是在一定范围内运动,振动物体离开平衡位置的最大距离,叫作振动的振幅.

振动物体的振幅越大,振动能量就越大.

实验证明,简谐运动的周期(或频率)与振幅没有关系.观察弹簧振子的振动可以发现,对于同一个振子而言,振子的振幅可以改变,振子的周期却是不变的.如果观察不同弹簧振子的振动,可以发现不同的振子周期是不同的.可见,物体振动的

周期是由振动物体本身来决定的,与振幅无关.这就是振动物体的**固有周期**(或**固有频率**).

简谐运动的能量

弹簧振子在振动的过程中动能和弹性势能在不断地转化.在平衡位置时,动能最大,势能为零;在位移最大时,势能最大,动能为零.如果不考虑摩擦力和空气阻力,在振动过程中只有弹力做功,机械能是守恒的,振动过程中任一时刻机械能的总量是不变的.

思考与练习

1. 简谐运动有什么特征?为什么说它不是匀变速运动?

2. 在图 6.26 中,小球在平衡位置 O 左右各 5 cm 范围内振动,问:

(1) 它的振幅是多少?

(2) 如果在 5 s 内振动 10 次,小球的振动周期和频率各是多少?

(3) 如果小球的振幅增大到原来的 2 倍,小球振动的周期是多少?

3. 分析图 6.26 中弹簧振子在一次全振动过程中的位移、回复力、加速度、能量的变化,并填入表 6.1.

表 6.1 思考与练习 3 表

振子的运动	$A \to O$	$O \to A'$	$A' \to O$	$O \to A$
对平衡位置的位移的方向怎样?大小怎样变化?				
回复力的方向怎样?大小如何变化?				
加速度的方向怎样?大小如何变化?				
动能如何变化?势能如何变化?				

6.7 单摆和单摆的周期

仔细观察可以看到，座钟摆锤的下端有一个可动的螺母（图 6.27），旋转螺母可以改变摆锤位置的高低.这是为了调节座钟走时快慢的.你知道怎样调节吗？

单 摆

在细长线的一端拴上一个小球，另一端固定，这个装置就叫作**摆**（simple pendulum，图 6.28）.

拉开摆球，使它偏离平衡位置，然后放开，小球就沿着以平衡位置 O 为中心的一段圆弧做往复运动，这就是摆的振动.可以证明，当摆角很小的时候它做简谐运动，此时的摆被称为**单摆**.

小球在 O 点时，摆线竖直下垂，这时小球所受的重力和摆线对它的拉力平衡，O 点就是摆球的平衡位置.摆球离开 O 点时，小球所受的重力和绳的拉力就不再平衡.

重力沿圆弧切线方向的分力 F 提供了小球摆动的回复力（图 6.29），

$$F = mg\sin\alpha.$$

当 α 角很小时（$\alpha < 5°$），

$$\sin\alpha \approx \frac{x}{l}.$$

其中 l 为摆长，x 为摆球离开平衡位置的位移.

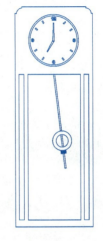

图 6.27 座钟

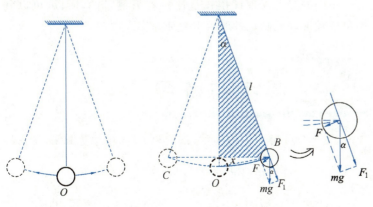

图 6.28 摆　　　图 6.29 单摆的受力分析

摆的回复力可以表示成

$$F = -\frac{mg}{l}x.$$

式中的负号表示力 F 与位移 x 的方向相反.

由于 m、g、l 对于确定的单摆来说，数值是一定的，所以 $\frac{mg}{l}$ 可以表示成一个常数. 可见，在摆角很小的情况下（$\alpha < 5°$），单摆所受的回复力跟位移的大小成正比，与位移的方向相反. 所以单摆的运动是简谐运动.

单摆的周期

单摆曾是物理学史上引人注目的研究课题. 伽利略首先发现了单摆的等时性. 观察表明，只要保持偏角足够小，无论怎样改变振幅，周期都是不变的，即单摆做简谐运动的周期与振幅无关.

那么单摆的周期与哪些因素有关呢？

荷兰物理学家惠更斯研究了单摆的振动，发现单摆做简谐运动的周期与摆长的平方根成正比，与重力加速度的平方根成反比，与振幅、摆球的质量无关. 写成公式为

$$T = 2\pi\sqrt{\frac{l}{g}}.$$

式中 T 为单摆的周期，l 为摆长（悬挂点到摆球重心的长度），g 为重力加速度. 只要摆长一定，单摆的周期就固定不变，称为固有周期.

单摆在实际生产、生活中有广泛的应用，惠更斯把单摆周期的等时性应用在计时上，并获得专利权，这种带摆的钟一直沿用至今. 摆的周期还可以通过改变摆的长度来调节，计时既简单又方便.

单摆的振动周期和摆长是比较容易测量的，所以，可以利用单摆较准确地测定各地的重力加速度.

> 教堂里的吊灯年复一年地摆动，人们司空见惯，谁也没有发现有什么奇特的地方. 1583 年的一个礼拜日，当年 18 岁的伽利略在比萨的一座教堂里，他发现被风吹动的吊灯，虽然摆动的幅度逐渐减小，但是摆动的节奏似乎没有变. 那个时代还没有发明钟表，伽利略就用自己的脉搏来测量吊灯摆动的节奏. 他终于发现，吊灯从一端摆动到另一端的时间始终是相等的. 随后，1673 年惠更斯发表了"摆动的时钟"一文.

思考与练习

1. 一个周期为 T 的单摆，摆长为 L，摆球质量为 m，当把摆长改变为 $2L$、摆球质量改变为 $\frac{m}{2}$ 时，它的周期变为　　〔　　〕

(A) T.　　(B) $2T$.　　(C) $\sqrt{2}T$.　　(D) $\frac{T}{2}$.

2. 做单摆实验时,单摆的摆长为 150 cm,振动 50 次所需的时间为 123 s,求实验地的重力加速度.

3. 通常振动周期为 2 s 的单摆叫作秒摆.北京的重力加速度为 9.801 2 m/s²,求在北京的秒摆的摆长.

4. 某计时摆钟走得太快了,为了使这种摆钟走得准确,应该怎样调节它的摆长?为什么?

5. 把座钟从赤道运到北极,它将变快还是变慢?

6.8 共振现象

乘轮渡过江的时候,你会感觉到轮船的发动机使整个船都振动起来,这种现象司空见惯,轮船能够安然渡江.可是 1890 年,航行中的一艘远洋巨轮却因为振动而使船体折断了.南京长江大桥上日夜车水马龙,你走在大桥的人行道上能明显地感觉到桥体有较大的振动,大桥至今安然无恙.可是 1906 年,一支俄国军队的骑兵以整齐的步伐通过丰坦卡河大桥时,大桥在士兵齐步走的行进中越振越厉害,最终断裂坠毁.世界上有那么多的斜拉桥、悬索桥能经历暴风雨的考验,唯独美国的塔科马海峡大桥(悬索桥)难逃厄运.1940 年 10 月 7 日,一阵时速 67 km/h 的大风横扫该桥,在大风中桥振动的振幅越来越大,以致断裂坠海.为什么有的时候振动会有这么大的破坏作用呢?

受迫振动

简谐运动是一种理想化的运动.一旦有外力使弹簧振子或单摆偏离平衡位置,然后再撤去外力,它们就在弹力或重力的作用下振动起来而不再需要外力.由于忽略摩擦,振动过程中机械能守恒,这个系统就能以一定的振幅,永不停息地振动下去,这样的振动称为**自由振动**(free vibration).然而在实际情况下,振动系统的阻力是不可避免的(如摩擦力、空气阻力等),系统的机械能会随时间逐渐减小,振动的振幅也逐渐减小,这样的振动称为**阻尼振动**(damped vibration).实际的振动都是阻尼振动.为了能使周期性振动持续下去,最简单的方法是施加周期性的外力(称驱动力),不断地、及时地补偿机械能的损失.物体在周期性驱动力的作用下的振动称为**受迫振动**(forced vibration).受迫振动的例子很多,如给摆钟上紧发条、机器底座在机器运转时发生的振动等.

共 振

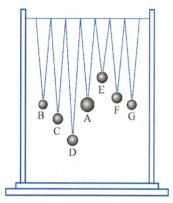

图 6.30 几个摆发生共振实验

在一根张紧的绳子上挂几个摆,其中 A、B、G 的摆长相等(图 6.30),当 A 摆动时,A 的振动通过张紧的水平绳给其余各摆施加周期性的驱动力,使其余各摆做受迫振动.驱动力的频率等于 A 摆的固有频率.由于 B、G 的摆长跟 A 的摆长相等,所以 B、G 的固有频率跟 A 的驱动力频率相等.可以发现,固有频率跟驱动力的频率相等的 B、G 振幅最大,固有频率跟驱动力频率相差最大的 D、E 振幅最小.从能量角度考虑,A 是振源,它输出振动能量,其余各摆通过水平绳吸收能量.由于 B、G 的固有频率跟 A 的振动频率相等,它们从 A 吸收的能量最多,所以振幅最大.而 D、E 的固有频率跟 A 的振动频率相差很大,它们从 A 吸收的能量最少,所以振幅最小.

当驱动力的频率跟物体的固有频率相等时,受迫振动的振幅最大,这种现象叫作**共振**(resonance).

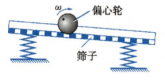

图 6.31 共振筛

在工程技术中,有时需要充分利用共振现象,但有时又必须防止共振现象的发生.共振筛就是利用共振规律的机械.把筛子用弹簧支撑起来,就成为共振筛(图6.31).给共振筛安装一个偏心轮(轮的重心偏离转动轴),偏心轮在皮带的带动下给筛子一个周期性的驱动力,使它做受迫振动.适当调节偏心轮的转速,使驱动力的频率接近于共振筛的固有频率,筛子就发生共振,使筛子达到较大的振幅,从而提高筛选效率.又例如,架空的高压输电线在风力作用下会产生振动,这使线夹附近的导线持续受到折弯,久而久之就容易断股,最终会发生整根导线折断的事故.在线夹附近装置防振锤就可消振(图 6.32).调节防振锤的固有频率,让它跟导线的固有频率相等.当风力使导线振动时,导线就使防振锤做受迫振动并产生共振.防振锤因此大量地吸收了导线的振动能量,而且还把它转变成内能和声能耗散掉,以使导线减振消振.

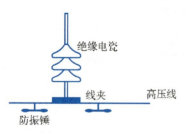

图 6.32 架空高压输电线装置防振锤消振

在技术应用中,当需要共振现象时,就应该使驱动力的频率接近或等于振动物体的固有频率,使其达到较大的振幅.在很多情况下,必须防止共振现象的发生.当地震频率跟建筑物(如水坝、高层楼房等)的固有频率接近时,建筑物会因振幅过大而遭破坏.船在大海里航行时,如果海浪冲击的周期与船摇摆的固有频率相接近时,就能发生共振,致使轮船由于过度的摇摆而覆没.在军队和火车通过大桥的时候、安装机器的时候,都需要避免共振现象的发生.为此,常需要修改设计,要尽量使驱动力的频率与其固有频率相差大些,这样才能避免由于共振产生较大振幅而造成的危害.

思考与练习

1. 磬是一种古代乐器.唐代洛阳的一座庙里,磬常常自鸣,和尚害怕.有个人知道这是别处敲钟引起的,他把磬锉了几个缺口,磬就不再自鸣了.请说说其中的道理.

2. 火车车厢在竖直方向上的运动,可看成是一个重物放在缓冲弹簧上的振动(汽车亦然).若已知这个"振子"的固有周期 $T=0.60$ s,那么列车以多大速度行驶时,车厢振动得最厉害?(每段铁轨的长度为 12.5 m)

本章知识小结

圆周运动和振动都属于周期运动.本章学习周期运动中运动规律比较简单的匀速圆周运动和简谐运动.

一、基本物理量

1. 周期 T 与频率 f

$$T=\frac{1}{f}.$$

2. 匀速圆周运动的线速度与角速度

匀速圆周运动的线速度 v 与角速度 ω 的比较如表 6.2 所示.

表 6.2 线速度与角速度的比较

区别与联系	线速度	角速度
描述对象	齿轮上的某个质点	齿轮上的所有质点(共性)
量度方式	质点在单位时间内通过的弧长 $v=\frac{s}{t}$	齿轮半径在单位时间内所转过的角度 $\omega=\frac{\varphi}{t}$
单位	m/s	rad/s
联系	$v=R\omega$	

3. 向心加速度 a

匀速圆周运动的质点由于线速度方向不断改变而产生向

心加速度 $a=\dfrac{v^2}{R}$，a 跟 v^2 成正比，跟 R 成反比．向心加速度始终跟线速度垂直，指向圆心．

二、向心力

匀速圆周运动的物体一定受有向心力，向心力是合力．向心力只有改变线速度方向的效果．向心加速度是由向心力产生的．根据牛顿第二定律，向心力

$$F=m\dfrac{v^2}{R}.$$

三、万有引力定律

质量分别为 m_1 和 m_2 的两个物体，相互距离为 r 时，它们相互的吸引力——万有引力大小为

$$F=G\dfrac{m_1m_2}{r^2}.$$

人造地球卫星绕地球做匀速圆周运动的条件为

$$G\dfrac{mM_{地}}{R^2}=m\dfrac{v^2}{R}$$

或

$$mg=m\dfrac{v^2}{R}.$$

四、单摆的固有周期 T

单摆的周期为

$$T=2\pi\sqrt{\dfrac{l}{g}}.$$

式中 l 为摆长，它是悬挂点到摆球重心的距离．T 跟 l 的平方根成正比，跟 g 的平方根成反比．T 跟摆球质量及振幅的大小无关．

五、共振

产生共振的条件是驱动力的频率(周期)跟受迫振动物体的固有频率(固有周期)相等．发生共振时，受迫振动的振幅最大．

本章检测题

一、选择题

1. 如图 6.33 所示，同一个齿轮上的 A、B 两点（$R_A<R_B$），在齿轮转动时，下列关于角速度 ω 与线速度 v 的比较正确的是

[ ]

(A) $\omega_A<\omega_B$.　　(B) $\omega_A=\omega_B$.

(C) $v_A=v_B$.　　(D) $v_A>v_B$.

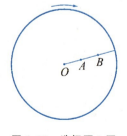

图 6.33　选择题 1 图

2. 下列关于图 6.33 中 A、B 这两点线速度 v 与向心加速度 a 的比较正确的是 [ ]

(A) $v_A > v_B, a_A > a_B$.   (B) $v_A < v_B, a_A < a_B$.
(C) $v_A = v_B, a_A = a_B$.   (D) $v_A < v_B, a_A > a_B$.

3. 为了测量水坝的固有频率 f，将水坝的模型放在试验振动台上，让振动台的频率 f' 由小增大，下列受迫振动的振幅最大的是 [ ]

(A) $f' < f$.   (B) $f' = f$.
(C) $f' > f$.   (D) f' 最大时.

二、计算题

1. 如图 6.34 所示，两轮互相压紧，通过摩擦力传递转动（两轮之间无相对滑动）。如果大轮半径为 20 cm，小轮半径为 10 cm，两轮角速度之比是多少？转速之比是多少？若大轮边缘上 A 点的线速度的大小为 0.2 m/s，那么小轮边缘上 B 点的向心加速度为多大？

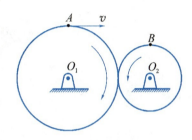

图 6.34 计算题 1 图

2. 飞机做俯冲运动时，在最低点附近做半径为 180 m 的圆周运动。如果飞行员的质量为 70 kg，飞机经过最低点时的速度为 360 km/h，求此时飞行员对座位的压力（图 6.17）。

3. 一名宇航员在鼓状圆筒里做旋转训练（图 6.35），他经受着 $a = 5g$ ($g = 9.8$ m/s^2) 的向心加速度。若他与转轴距离 $R = 4.0$ m，求：

(1) 他的线速度 v；
(2) 转轴的转动频率 f。

图 6.35 计算题 3 图

*4. 把用细绳悬挂的小球，拉至水平位置再释放（图6.36）。求证：当小球到达最低点时，绳子受的拉力大小等于小球重力的 3 倍。

5. 某一弹簧振子，在 30 s 内完成 84 次全振动，求它振动的周期和频率。

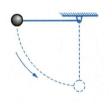

图 6.36 计算题 4 图

6. 一个单摆原来的周期等于 2 s，在下列情况下，周期有无变化？如有变化，变化后是多少？

(1) 摆长减为原长的 $\frac{1}{4}$；

(2) 摆球的质量减为原来的 $\frac{1}{4}$；

(3) 振幅减为原来的 $\frac{1}{4}$；

(4) 重力加速度减为原来的 $\frac{1}{4}$。

第7章

物态 物体的内能

　　自然界中物质通常有固态(solid)、液体(liquid)、气态(gas)三种状态.冰、水、汽就是水的三种状态,水会随温度的变化而改变其状态.与温度有关的现象在日常生活和生产实践中是很常见的,如热胀冷缩、摩擦生热等.与温度有关的现象叫作热(heat)现象.在物理学中,把研究热现象及其规律的学科叫作热学.热学知识在实际生活中有着广泛的应用,如各种热机和制冷设备等都运用了热学规律.

　　早在17～18世纪,人类开始认识到热现象是由物质内部大量微粒的运动引起的,后来逐渐发展成为一种科学理论——分子动理论.到了19世纪有了能量的概念,人们认识了一种与热现象有关的能量形式——内能,并研究了热和功的关系,为能量转换与守恒定律奠定了基础,并发展成了另一种科学理论——热力学(thermodynamics).这样形成了研究热现象的两种不同的方法,它们相辅相成,使人们对热现象的研究越来越深入.

　　本章在分子动理论基本观点的基础上介绍描述气体的状态参量以及气体的性质;介绍包括内能在内的能量转换与守恒定律,这些知识可以解释很多热现象.本章还介绍了液体的有关规律以及固体中晶体的特性.

7.1 气体的状态参量

物质都是由大量的分子组成的.所谓"大量",我们在学化学时已有体会,1 mol 的任何物质包含 6.02×10^{23} 个分子,这是一个非常大的数字,叫作阿伏加德罗常数.组成物质的这些大量分子有什么特性呢?生活中常遇到这样的一些现象,水和酒精混合后的体积小于两者原有体积之和;不断地给自行车打气,其内胎体积几乎不变;两段光滑铅柱只要加不太大的压力,便可使它们连接在一起,而且还可以承受几十牛的力而不断开;打开一瓶香水,不一会儿便满屋飘香,这些现象说明:**物质是由大量分子组成的,分子之间有间隙,并且有相互作用力,分子永不停息地做无规则的运动,这就是分子动理论的基本论点**.分子运动的剧烈程度与温度(temperature)有关,温度越高,分子无规则运动越剧烈,通常把这种运动叫作分子热运动.

对于由大量分子组成的一定质量的气体,如何去描述其状态呢?由于分子数目的巨大,而分子的运动又是杂乱无章的,很显然不能像力学那样用位置和相应的速度来描述每一个分子.实际上,根本就不必去描述每一个分子,因为我们研究的气体状态是指大量分子的群体状态,对于"大数量"的群体,会表现出新的宏观特性.因此,可用宏观参量来描述群体状态.对于一定质量的气体,宏观物理量有体积 V、压强 p、温度 T,这三个物理量就是**气体的状态参量**.

体积(V)

气体的体积是指其分子无规则热运动所能达到的空间范围.在密闭的容器中,气体总是充满整个容器,因而气体的体积就等于所占容器的容积(volume).

在国际单位制中,体积的单位为立方米(m^3),体积的其他单位还有立方分米(dm^3)和立方厘米(cm^3).日常生活和生产中还常用升(L)和毫升(mL)作单位.$1 \text{ L} = 1 \text{ dm}^3 = 10^{-3} \text{ m}^3$.

温度 (T)

温度是表示物体冷暖程度的物理量.这个概念最初来自人对冷暖的感觉,可是没有量化,很不可靠,要想确定温度必须用具体的数值.**温度的数值表示方法叫作温标**.

日常生活中常用的温标是摄氏温标,单位是摄氏度(℃).把 $1.013×10^5$ Pa 大气压(1 标准大气压)下水的冰点定为 0 ℃,水的沸点定为 100 ℃,中间分为 100 等份,每一等份代表 1 ℃,用这种温标表示的温度叫作**摄氏温度**,用 t 表示.

在热力学中,用热力学温标表示温度,这个温度叫作**热力学温度**,用 T 表示,单位是 K(开尔文,简称开).热力学温标是国际单位制中规定的基本温标,它以 -273.15 ℃ 作为零点,叫作**绝对零度**(absolute zero),分度方法与摄氏温标一致,即两种温标的每一度的大小相同,只是零点的选取不同,所以,热力学温度与摄氏温度之间的关系为

$$T = t + 273.15 \text{ K}.$$

为简化计算,可取绝对零度为 -273 ℃,这样上式可写成

$$T = t + 273 \text{ K}.$$

例如,在 1 标准大气压下,冰的熔点 $t=0$ ℃,则 $T=273$ K;水的沸点 $t=100$ ℃,则 $T=373$ K.

热力学温度的高低标志着物质**分子平均动能**的大小.因为温度与物质分子热运动密切相关:温度越高,分子热运动越剧烈,分子的平均速率越大;温度越低,分子平均速率越小.绝对零度(0 K)是低温的极限,客观上是无法实现的.

> 要确定温度的具体数值,必须规定温度的零点和分度方法.不同的温标,其零点的选择和分度的方法有所不同.

> 热力学温标是英国物理学家开尔文(Lord Kelvin)最先引入的,其单位 K 是国际单位制中七个基本单位之一,K 就是他名字的第一个字母,以纪念他在热力学方面的贡献.热力学温标是一种理想温标,它完全不依赖任何测温物质及其物理属性.

压强 (p)

在大雨中,大量密集的雨滴打在雨伞上,我们会感受到雨伞受到一个持续向下的力的作用(我们会感觉雨伞比平时重).气体中大量分子无规则运动时,对容器器壁持续的碰撞也要对器壁产生压力.气体的压强是其容器器壁单位面积上所受的压力.

压强的国际单位是帕斯卡,简称帕(Pa),在实际应用中压强的单位还有标准大气压,简称大气压(atm, atmospheric pressure)和厘米汞柱(cmHg).

$$1 \text{ atm} = 76 \text{ cmHg} = 1.013×10^5 \text{ Pa}.$$

气压的应用在人类文明的进程中有重要的贡献,引发第一次工业革命的蒸汽机,它的动力就是蒸汽压.现代的内燃机

和火箭大多利用的是燃气压.容器内的气压过高会引起爆炸,所以压力容器(工程上常把压强叫作压力)都必须装压力表(图 7.1)进行监测,为了防止过压还应装配安全阀.家用高压锅上的"气帽"就是最简单的重力安全阀,当锅内过压时"气帽"就被顶起放气.

图 7.1　压力表

思考与练习

1. 气体的体积就是所有气体分子体积的总和.这种理解正确吗?为什么?

2. 为什么物体能够被压缩但又不能无限被压缩?

3. 一杯水的温度从 50 ℃ 降至 40 ℃,则它的热力学温度降低了 283 K.这句话对吗?为什么?

4. 如图 7.2 所示,U 形管一端开口,一端封闭,管中装有水银.已知大气压强为 76 cmHg,两管水银面高度差 $h=8$ cm.问被封的空气柱的压强是多少?

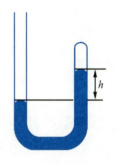

图 7.2　思考与练习 4 图

7.2　理想气体的状态方程

同学们都有这样的经验:不小心把乒乓球踩瘪了一点,只要乒乓球没有破,把它放在开水中一烫,瘪的部分会立即凸起复位.为什么呢?

气体有三个状态参量:温度、压强、体积,它们之间有着密切的、内在的联系,一个参量变化了,其他的参量会跟着变化.对于一定质量的气体,如果三个状态参量都不改变,我们说气体处于某一**平衡状态**,它的三个状态参量用同一下标表示,如 p_1、V_1、T_1.当气体从一个平衡状态变化到另一个平衡状态时,其中两个或三个参量会发生变化.气体状态参量的变化有什么规律呢?科学家最初是通过实验的手段,就最简单的两个参量发生变化的情况,研究得出气体的三个实验定律.

当有多个参量发生变化时,要寻找其变化规律,物理学家往往是依次选两个参量,而让其他参量不变,通过实验找出这两个参量之间的关系,最后,综合各实验结果,得出规律.

气体的三个实验定律

1. 气体等温变化（等温过程）

一定质量的气体，在保持温度不变时，气体的压强与体积成反比．用公式表示为

$$p_1V_1 = p_2V_2 = 常量.$$

这一规律是由英国科学家玻意耳和法国科学家马略特各自通过实验独立发现的．

2. 气体等压变化（等压过程）

一定质量的气体，在保持压强不变时，气体的体积与热力学温度成正比．用公式表示为

$$\frac{V_1}{T_1} = \frac{V_2}{T_2} = 常量.$$

这是法国科学家盖·吕萨克首先发现的．

3. 气体等容变化（等容过程）

一定质量的气体，在保持体积不变时，气体的压强与热力学温度成正比．用公式表示为

$$\frac{p_1}{T_1} = \frac{p_2}{T_2} = 常量.$$

这是法国科学家查理首先发现的．由上式可知：温度越高，压强越大．所以，当踩瘪了的乒乓球放入沸水中，球内的气体温度升高，其压强也随之增大，当它大于球外的大气压时，凹的部分就被球内气体推挤出来．

以上三个气体实验定律，都是在压强不太大、温度不太低的条件下总结出来的．当压强很大、温度很低时，由上述定律计算的结果与实际测量结果有很大的差别．尽管如此，很多实际气体，特别是那些不容易液化的气体（如氢、氧、氮、氦气等），在通常的温度和压强下，其性质与实验定律的结论符合得很好．为了研究方便，可以设想一种气体，在任何温度、任何压强下都遵从气体实验定律，我们把这样的气体叫作**理想气体**（ideal gas）．在温度不低于零下几十摄氏度、压强不超过大气压的几倍时，实际气体都可以当成理想气体来处理．

> 理想气体是一个理想化的物理模型，就像力学中的"质点"．从分子动理论看，该模型应具备以下特征：分子的线度比起分子之间的平均距离来说很小，可忽略；除碰撞的瞬间外，分子之间以及分子与器壁之间都无相互作用．

理想气体状态方程

当气体的三个状态参量同时发生变化时，它们之间的关系可由气体的三个实验定律推出，也可直接由实验得出：**一定质量的理想气体，它的压强和体积的乘积与热力学温度之比，在**

状态变化过程中保持不变. 用公式表示为

$$\frac{p_1V_1}{T_1}=\frac{p_2V_2}{T_2}=常量.$$

> 在这里我们可以看到：使用热力学温标，使得气态方程非常简洁，物理意义也特别明确.

上式叫作**理想气体状态方程**，简称**气态方程**. 可以证明，对于同一种气体，$\frac{pV}{T}$这个常数与气体的质量有关，气体的质量越大，其数值越大. 若同种气体两个状态的$\frac{pV}{T}$值不相等，则表明气体的质量有了变化. 所以，应用气态方程的前提是质量保持不变的理想气体.

从运算的角度来讲，三个实验定律可看作是气态方程的特例. 在表达形式上看，它们都是比例式，且左右两边物理量关于等号对称，因此解题时，除了温度必须采用热力学温度，对于压强和容积只要两边同种参量单位一致即可.

> **例 1** 气焊用的氧气瓶容量为 100 L，在室温为 16 ℃时，瓶上压强计显示的压强为 6.0×10^6 Pa，求瓶内氧气的质量. 已知标准状态下，氧气的密度 $\rho_0=1.43$ kg/m³.（标准状态指压强 $p_0=1.013\times10^5$ Pa，温度 $t_0=0$ ℃ 的状态）

分析与解答 以瓶内一定质量的氧气为研究对象，设它由室温状态变化到标准状态，求出其标准状态下的体积. 又已知 ρ_0，便可求得质量 m. 两个状态的状态参量分别是：

室温状态　　$p_1=6.0\times10^6$ Pa，$V_1=100$ L$=0.1$ m³，
　　　　　　$T_1=(273+16)$ K$=289$ K；

标准状态　　$p_0\approx1.0\times10^5$ Pa，$V_0=?$，
　　　　　　$T_0=(273+0)$ K$=273$ K．

根据气态方程，则有

$$\frac{p_1V_1}{T_1}=\frac{p_0V_0}{T_0},$$

可求得

$$V_0=\frac{p_1V_1T_0}{p_0T_1}=\frac{6.0\times10^6\times0.1\times273}{1.0\times10^5\times289}\text{ m}^3\approx5.67\text{ m}^3,$$

$$m=\rho_0V_0=1.43\times5.67\text{ kg}\approx8.1\text{ kg}.$$

地球的大气

在地球强大引力的作用下，大量气体聚集在地球周围，形成数千千米的大气层. 探空火箭在 3 000 km 高空仍然发现有稀

薄的大气.科学家认为,大气层一直可以延续到距地面 6 400 km 左右.大气中氮占 78%,氧占 21%,氩占 0.93%,二氧化碳占 0.03%,氖占 0.001 8%,此外还有水汽和尘埃.由于有了大气,才使射进来的阳光遇到大气分子后偏离原来的方向而产生散射.对于低层的分子来说,主要是散射蓝色光,从而使天空成为蓝色.有了大气层,在昼夜交替的过程中,我们才能欣赏到晨光明霞、黄昏夕照的壮丽景色.

  根据气温的竖直分布,大气层自地球海平面向上,分为对流层、平流层、中间层、热层和外大气层.对流层是大气的最低层,气温随高度的升高而降低,贴近地面的空气吸收地面辐射出来的热量膨胀上升,上面的冷空气下降,在竖直方向形成强烈的对流,对流层也因此而得名.对流层的厚度随纬度和季节而变化,赤道地区约 16 km,两极约 8 km,夏季较厚,冬季较薄,对流层是大气中最稠密的一层,大气总质量的 $\frac{3}{4}$ 集中在此层.大气中的水汽几乎都集中在这里,是展示风云雨雪的大舞台.对流层和人类的关系最密切.

  对流层上面,直到高于海平面 50 km 这一层,气体主要表现为水平方向的运动,称为平流层.这里基本上没有水汽,晴朗无云,适于飞机航行.在 20~30 km 处,氧分子在太阳紫外线作用下形成臭氧层,太阳辐射的紫外线绝大部分被它吸收.臭氧层是阻止太阳紫外辐射的屏障.

  高度在 50~80 km 的大气,称为中间层,其温度随高度的增加而下降.中间层及以外的大气因受太阳辐射,温度较高,气体分子或原子大量电离,形成电离层.电离层能导电、反射无线电波、实现远距离通信.

  从中间层到 500 km 左右的高空,称为热层.热层的气温很高,在 500 km 高度温度可升到 1 100 ℃ 左右.热层以上就是地球的外大气层了.外大气层和星际空间融合在一起.

  人类生活离不开地球的大气层,大气层为人类提供了所需的空气,白天屏障酷热的阳光,夜晚保持地球的温度,它吸收对人类有害的宇宙射线,同时还为飞机的飞行和无线电波的传播提供了条件.我们要认识到保护大气层的重要性,爱护我们生存的环境.

思考与练习

  1. 给自行车轮胎打气,一般可认为温度保持不变,但轮胎内气体的压强和体积同时增大.这与等温过程的变化规律是否矛盾?

2. 装有氧气的钢瓶在 17 ℃时,瓶上压强计的示数为 9.5×10^5 Pa;将钢瓶运到温度为 -13 ℃的工地时,压强计的示数为 8×10^5 Pa.这个钢瓶是否漏气?为什么?

3. 气象探测气球内充有 5 m³ 的氦气,其温度为 27 ℃,压强为 1.5×10^5 Pa.当气球上升到某一高度时,球内氦气的压强变为 0.8×10^5 Pa,体积变为 5.8 m³.求这时氦气的温度.

4. 图 7.3 所示为大炮的复位装置.开炮时炮身反冲带动连杆活塞使空气被压缩.反冲结束后,压缩空气推动活塞使炮身复位.设开炮前空气的压强 $p_1 = 45 p_0$($p_0 = 1.01 \times 10^5$ Pa),温度 $t_1 = 27$ ℃,体积 $V_1 = 7.6$ L.炮身反冲使空气温度升高至 $t_2 = 127$ ℃,体积压缩至 $V_2 = 2.0$ L.求这时空气的压强.

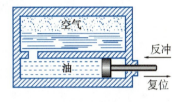

图 7.3 思考与练习 4 图

7.3 物体的内能 热力学第一定律

在初中我们学过内燃机,它的工作有四个冲程:吸气、压缩、做功、排气.请回忆一下,在做功冲程中是谁在做功?高温高压下的气体具有怎样形式的能量呢?

物体的内能

前面学过,组成物质的分子总是在做无规则的热运动,分子具有动能(称为**分子动能**);分子之间还存在有相互作用力,所以分子还具有势能(称为**分子势能**).**物体内所有分子的动能与势能的总和**,叫作物体的**内能**(internal energy).用符号 E 表示,单位是焦耳(J).

分子的动能与温度有关,温度越高,分子热运动越剧烈,分子热运动的平均动能就越大.若物体的体积变化了,则分子之间的平均距离就会改变,分子的势能也就随之改变,这就好像重力势能的大小与物体和地面的距离有关一样.显然,一定质量的物体其内能与它的温度和体积有关.

对于理想气体,因忽略其分子之间的相互作用,所以没有分子势能.理想气体的内能是所有分子的动能之和,它的大小只与温度有关.对于一定质量的理想气体,温度越高,内能越大;温度越低,内能越小.

物体的内能与物体由于整体运动而具有的机械能是两种不同形式的能量.物体的机械能可以为零,物体的内能不会为零.物体在具有内能的同时,也可以具有其他形式的能量.例如,风(流动的空气)既具有内能,又具有机械能,冬天的6级北风,因温度低,内能较小,但是风速快,机械能较大.

改变内能的两种方式

热传递(heat passage)可以改变物体的内能.当温度不同的物体相互接触或靠近时,热传递总是自发地从高温物体向低温物体进行.其中高温物体的温度下降,分子的平均动能减少,因而内能减少;低温物体的温度升高,分子的平均动能增加,因而内能增大.例如,盛满水的水壶放在炉子上加热,因其吸热而温度升高,水壶和水的内能增加;若停止加热,高温的水壶和水不断地向周围散热,温度降低,内能减少.

热传递的过程实质是物体内能的转移过程,在这个过程中传递内能的多少叫作**热量**(quantity of heat),用 Q 表示.在国际单位制中,热量的单位是焦耳(J).

做功也可以改变物体的内能.我们都知道"摩擦生热",如用锯条锯木头,锯条和木头的温度都升高,内能增加,这就是通过做功将机械能转变成了内能.在柴油机工作的压缩冲程中,活塞压缩空气做功,空气的内能增加(机械能转化成内能),温度升高,使喷入汽缸里的柴油燃烧;而在做功冲程中,燃烧产生的高温高压气体膨胀,推动活塞对外做功,气体的温度降低,内能减少,把内能再转化成机械能.

可见,**热传递和做功是改变物体内能的两种方式**.物体吸收热量或外界对物体做功,物体的内能增加;物体放热或对外做功,内能减少.若物体内能的变化仅由热传递引起时,其大小用传递的热量来量度;而物体内能的变化仅由做功实现时,其大小用功的数值来量度.因此,就改变物体的内能而言,热传递和做功是等效的,热量和功都可以作为内能变化的量度.

> 热量的单位 J 是对英国物理学家焦耳(J. P. Joule)的纪念.焦耳花了近40年的时间做了大量的实验,测量了热功当量,为能量转换与守恒定律的发现奠定了实验基础.他的毅力和对事业的执着与他的贡献一样,令人敬佩.

热力学第一定律

物体内能的改变一般是由做功和热传递两种方式共同引起的.如图 7.4 所示,一定质量的蒸汽在汽缸中,它可以从底部热源吸热,同时气体膨胀推动活塞对外做功.在热力学中常把研究对象叫作**热力学系统**,简称为**系统**.我们把汽缸中的蒸汽作为系统,它从外界吸收热量 Q,同时对外做功 W,那么系统内

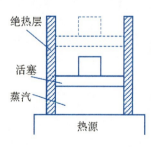

图 7.4 做功和热传递改变了物体的内能

能的增量为
$$\Delta E = Q - W,$$
即
$$Q = \Delta E + W.$$

上式表明,一个热力学系统吸收的热量等于系统内能的增量和系统对外所做功的总和,这就是**热力学第一定律**. 它实际上是包括机械能和内能在内的能量守恒定律.

能量守恒定律

在力学中学过,在一定条件下,机械能内部动能与势能之间可以相互转换,且机械能守恒. 由热力学第一定律可知,机械能和内能之间可以相互转换. 其他形式的能量也都可以相互转换,如电阻通电后变热,电能转换成内能;灼热的金属丝发光,内能转换成光能;发电机工作时,将机械能转换成电能;电动机工作时,又将电能转换成机械能. 人类实际上就是在能量转换的过程中利用能量的.

> 能量守恒定律、细胞学说和达尔文的进化论被恩格斯称为19世纪自然科学的三大发现.

大量的事实证明,任何形式的能量都可以相互转换,在转换过程中,总能量是守恒的.

能量既不能创生,也不能消灭,只能从一种形式转换为另一种形式,或者从一个物体转移到另一个物体,而能量的总和保持不变,这就是**能量守恒定律**. 它是自然界中最普遍的规律之一.

例 2 一定质量的气体,从外界吸收热量 5×10^5 J,内能增加了 2×10^5 J,问它对外做了多少功?

分析与解答 将气体作为一个系统,它一方面从外界吸热,同时又对外做功,根据热力学第一定律
$$Q = \Delta E + W,$$
则系统对外做功
$$W = Q - \Delta E = 5 \times 10^5 \text{ J} - 2 \times 10^5 \text{ J} = 3 \times 10^5 \text{ J}.$$

冰箱、空调的制冷

知识应用

近代制冷技术在工业、农业、科研、医疗、商业、交通等各个领域有着广泛的应用. 制冷技术的理论基础是有关的热学规律. 下面以家用电冰箱、空调的制冷过程为例,来阐明热学知识在制冷技术上的应用.

实现制冷的方法有很多种,蒸汽压缩式制冷是目前应用最为广泛的制冷方式,也是电冰箱、空调实现制冷的主要手段. 蒸

汽压缩式制冷循环系统的基本组成是：制冷压缩机、冷凝器、毛细管（节流阀）和蒸发器等四个部分。这四个部分组成一个密闭的连通器系统，里面充注一定量的氟利昂制冷剂（CCl_2F_2 或 $CHClF_2$），如图 7.5 所示。

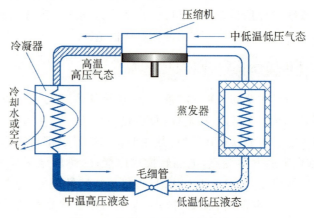

图 7.5 蒸汽压缩式制冷循环系统

　　蒸汽压缩式制冷是利用液态制冷剂汽化吸热来实现的。低温低压的液态制冷剂进入冰箱内（或空调室内）的蒸发器，低压沸腾汽化。由于制冷剂汽化时的温度低于箱内（或空调室内）的温度，因此就能吸收箱内（或空调室内）的部分热量，使箱内（或空调室内）的温度降低，产生制冷效应。不过，液态制冷剂一经汽化吸热，变成了中低温低压的蒸汽，丧失了吸热能力。为了将中低温蒸汽吸收的热量释放出来，回复到进入蒸发器之前的液态制冷剂状态，蒸汽压缩式制冷采用压缩机消耗外力做功，把中低温低压的蒸汽压缩成高温高压的蒸汽，其温度和压强高于外界的空气或水，使其有可能在冷凝器中把热量释放出去，同时凝结成高压液态制冷剂，最后通过毛细管（或节流阀）降压降温，使其回复到低压低温的液态制冷剂状态，重新进入蒸发器，形成一个制冷循环。每循环一次，制冷剂就通过蒸发器吸收冰箱内（或空调室内）的一部分热量，使冰箱内（或空调室内）的温度降低一次。这样周而复始地不断循环，从而实现了制冷的目的。

　　制冷工业广泛使用氟利昂，科学家近年发现，散逸、泄漏的氟利昂上升会破坏大气层中的臭氧层，造成臭氧层空洞性损害，超量紫外线会对地球的生态环境构成威胁。为此，1987 年联合国组织各国签订的《蒙特利尔议定书》宣布氟利昂为受控物质。原本规定最迟 2000 年停止使用，随着日后氟利昂危害的日趋严重，国际社会决定将停用氟利昂的时间提前至 1996 年。现代研制出的无氟"双绿色"冰箱就是一种完全符合国际环保要求的新型电冰箱。它的制冷剂和箱体保温发泡材料不再使用氟氯烃物质,而改用其他替代物,不再污染环境.

思考与练习

1. 什么叫作物体的内能？内能的大小与哪些因素有关？
2. 为什么理想气体的内能只与温度有关？
3. 一个物体的内能减少了 60 J.
（1）如果物体与外界是绝热的（没有热传递），则物体对外界做了多少功？
（2）如果物体没有对外做功，则物体对外放出了多少热量？
4. 在绝热过程（系统与外界没有热传递的过程）中,外界对气体做功,气体的内能将如何变化？气体吸收热量而保持体积不变,它的内能将如何变化？
5. 封闭在汽缸里的气体,推动活塞对外做功 3×10^4 J,从外界吸收热量 5×10^4 J,它的内能变化多少？内能是增加了还是减少了？
6. 历史上有许多人提出各种各样的设计方案,想制造永动机,想使这种机器不消耗任何能量而可以源源不断地对外做功,结果都以失败告终.请你想一想他们失败的原因是什么？

7.4 晶体 非晶体 液晶

我们所生活的这个世界,物质种类繁多,性质各异,精彩纷呈.前面讨论了气体,后面还要介绍液体、固体.就固体而言,还有晶体(crystal)和非晶体之分,还有介于固态和液态之间的液晶(liquid crystal).液晶已经应用于许多领域,如电视、计算机的显示屏,路牌,灯箱广告等.

晶体　非晶体

固体可分为晶体和非晶体两大类.常见的固体中,食盐、单晶糖、味精、石英、云母等都是晶体;玻璃、松香、橡胶、沥青等都是非晶体.

晶体有天然的规则的几何形状,如冬季里的雪花是水蒸气在空气中凝固时形成的冰的晶体,它呈六角形;食盐晶体是立方体;石英晶体的中部是六面棱柱,两边是六面棱锥,如图 7.6 所示.非晶体没有天然的规则的几何形状.

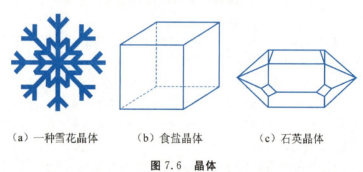

（a）一种雪花晶体　　（b）食盐晶体　　（c）石英晶体

图 7.6　晶体

在物理性质上,晶体与非晶体有许多不同之处.晶体有一定的熔点(fusion point),而非晶体没有一定的熔点,非晶体是随着温度的升高逐渐软化,由稠变稀,最后变为液态,它没有明显的固态和液态的界限.此外,晶体在各个方向的导热性、导电性、机械强度、折射率等都不相同,晶体的这一性质称为**各向异性**.钟表里的钻石轴承,就是利用红宝石晶体在某个特殊方向耐磨强度大而制成的.非晶体是**各向同性**的.

取一张薄云母片,在上面均匀地涂上一层很薄的石蜡,用烧热的钢针接触云母片的另一面,熔化的石蜡呈椭圆形,如图 7.7(a)所示;如果用玻璃片重做上面的实验,熔化的石蜡却呈圆形,如图 7.7(b)所示.这表明云母晶体在各个方向的导热性能不同,而非晶体玻璃各个方向的导热性能是相同的.

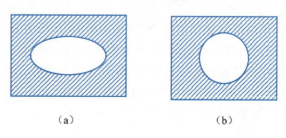

（a）　　　　　（b）

图 7.7　晶体的各向异性和非晶体的各向同性

晶体还有很多特殊的性质,物理学有一个分支——晶体物理学,专门研究晶体的各种物理性质.

晶体和非晶体有不同的物理性质,是因为它们有不同的微观结构.组成晶体的分子、原子或离子是有规则排列的,叫作空间点阵.图 7.8 中(a)、(b)、(c)分别表示食盐、金刚石和石墨的空间点阵.金刚石和石墨都是由碳原子组成的,但是碳原子排列的规则不同,这两种晶体的性质也不一样,金刚石透明坚硬、不导电,石墨却是黑色松软而且是导电的.从图中可以看出,虽然空间点阵排列都是有规则的,但是点阵排列不同,由此导致了晶体有各向异性.

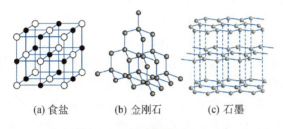

(a) 食盐　　(b) 金刚石　　(c) 石墨

图 7.8　空间点阵

> 许多非晶体在一定的条件下可以转化成为晶体.例如,雪花是气体冷凝结晶,液体溶液达过饱和可结晶,固体熔融后冷却也可结晶.但是人们研究发现,在快速冷却到足够低的温度时,几乎所有的材料都能成为非晶体.

一种物质是晶体还是非晶体,并不是绝对的.它可能以晶体和非晶体两种不同的形态出现.例如,天然水晶是晶体,而熔化以后再凝结的水晶(即石英玻璃)就是非晶体.

晶体可分为单晶体和多晶体.如果整个物体就是一个晶体,就叫单晶体,如食盐、水晶等;如果整个物体是由大量杂乱排列的小晶体(晶粒)组成的,则称多晶体,如各种金属.多晶体没有规则的几何形状,也不显示各向异性,但是同单晶体一样,有确定的熔点.通常所说的晶体大多指单晶体.单晶体是科学技术上的重要原材料,如制造各种晶体管就要用单晶硅或单晶锗.

液　晶

某些有机化合物在一定的温度范围内,呈现出一种介于固体和液体之间的过渡状态,此时它既具有液体的流动性,而它的分子排列又类似晶体,具有有序结构的倾向,因而像晶体那样有各向异性的特性.处于这种特殊状态的物质叫作**液晶**.图 7.9 是固态、液晶态以及液态的分子排列示意图.

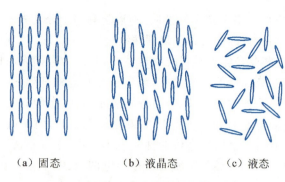

（a）固态　　　（b）液晶态　　　（c）液态

图 7.9　分子排列示意图

液晶分子排列不稳定,外界电场、磁场、温度、压力等作用很容易引起分子排列的变化,从而改变液晶的光学性质.

有一类液晶对电压很敏感,在很小的电压下,就会由透明状态变为浑浊状态,去掉电压,它又恢复透明.液晶的这一特性可以被用来制作显示元件.我们常见的电子手表、电子计算器、微电脑、大屏幕电视机等都采用了液晶显示.液晶显示器有很多优越性,它可以制作得很薄,因此,其体积小、重量轻;此外,它能耗小、辐射低、无闪烁、视觉效果好.

> 液晶显示的电子手表的工作温度为－10℃～＋55℃.

还有一种液晶有敏感的温度效应,温度改变时会改变颜色,随着温度的逐渐升高,液晶会按红、橙、黄、绿、蓝、靛、紫的顺序改变颜色;温度降低又按相反的顺序改变颜色.这种液晶可指示温度,在医学上用于无损探伤、医疗诊断,在工业上用于变色的彩色印刷和检查印刷电路板上的短路点等.

常见的液晶只能存在于一定的温度范围内,温度高于其上限,它会变成普通的透明液体,失去晶体的特性;温度低于其下限,它又变成普通的晶体,失去流动性.因此,液晶在使用时,要避免高温,也不能受冻.

液晶是 1888 年被发现的,但是长期以来并没有引起人们的注意,直到 20 世纪 60 年代,随着电子技术的发展,液晶被应用于显示技术之后,液晶应用领域才得到迅猛的发展.现在液晶已广泛用于电子、航空、生物、医学等领域.可以预见,随着科技的发展,液晶有着广阔的应用前景.

小 实 验　　自制蔗糖晶体

蔗糖、食盐、明矾等都是晶体,它们是怎样形成的呢?让我们来自制蔗糖晶体,观察结晶的形成和生长.

取一平底锅,倒入一小杯水,把锅放在微火上加热,逐步加入蔗糖(约两小杯),直到蔗糖不再溶解为止,糖的水溶液达到饱和状态并沸腾时,将液体倒入一个玻璃杯内.

将玻璃杯放置在阴凉处数日,观察晶体的形成过程.如果悬一根竖直的线在液体中,晶体就会以线为结晶核生长起来,成为一盏美丽的"吊灯".

纳米技术   知识之窗

纳米,只是一个长度单位,1 微米为千分之一毫米,1 纳米又等于千分之一微米,相当于头发丝的十万分之一.

纳米技术也称毫微技术,是研究结构尺寸在 1~100 纳米范围内材料的性质和应用的一种技术.1981 年扫描隧道显微镜被发明后,最终目标是直接以原子或分子来构造具有特定功能的产品.因此,纳米技术其实就是一种用单个原子、分子制造物质的技术.

从迄今为止的研究来看,关于纳米技术分为三种概念:

第一种概念是 1986 年一位外国科学家提出的分子纳米技术.根据这一概念,可以使组合分子的机器实用化,从而可以任意组合所有种类的分子,可以制造出任何种类的分子结构.这种概念的纳米技术还未取得重大进展.

第二种概念把纳米技术定位为微加工技术的极限.也就是通过纳米精度的"加工"来人工形成纳米大小的结构的技术.这种纳米级的加工技术,也使半导体微型化即将达到极限.现有技术即使发展下去,从理论上讲终将会达到限度.这是因为,如果把电路的连接线逐渐变小,将使构成电路的绝缘膜变得极薄,这样会破坏绝缘效果.此外,还有发热和晃动等问题.为了解决这些问题,研究人员正在研究新型的纳米技术.

第三种概念是从生物的角度出发而提出的.本来,生物在细胞和生物膜内就存在纳米级的结构.DNA 分子计算机、细胞生物计算机的开发,成为纳米生物技术的重要内容.

7.5　流体的连续性原理

同是长江水,江面宽阔的地方,水流平稳;江面狭窄的地方,水流很急.为什么在流经两地时情形截然不同呢?

理想流体

气体和液体统称为**流体**,其主要特点是连续性和流动性.

流体连续不断,前面流过去,后面又补上来,且各处的流速不一样.如水在河里流动不间断,水的流速从上往下逐渐减小,表面层流速最大,贴近河底的一层流速很小甚至几乎为零.在水管中流动的水流,管中心的流速最大,越靠近管壁流速越小.由于流速不同,流体内部会产生摩擦力作用,这种摩擦力叫作**黏滞力**,黏滞力阻碍流体各部分之间的相对滑动.流体的这一性质,称为**黏滞性**.一些液体如水、酒精等黏滞力很小,气体黏滞力更小,一般可以忽略.

液体不易被压缩,如每增加 1 个大气压,水的体积只减小约二万分之一.气体容易被压缩,由于很容易流动,很多情形中各处的密度差异不大.

> 理想流体是从实际流体抽象出来的理想模型,它突出了流体的主要特性——流动性,忽略次要特性——可压缩性和黏滞性.这是一种科学思维方法,想一想:前面还学过哪些理想模型?

为了掌握流体运动的基本规律,需简化问题,建立理想模型.我们把**不可压缩的、没有黏滞性的**流体叫作**理想流体**.最常见的流体是水和空气.一般研究时,常常把流体看作理想流体,以下讨论的对象均是理想流体.

如果流体在连续、稳定地流动,它经过空间每一点时的流速都不随时间变化,这种流动叫作**稳定流动**,简称**稳流**.自来水管里的水流、输油管道里的石油、缓缓流动的河水等都可以近似地看作稳流.图 7.10 表示一种稳流.流体流过 A、B 点时的速度始终是 v 和 v',不随时间变化.但一般地,v 和 v' 是不等的.

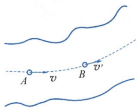

图 7.10 稳流

流体的连续性原理

当流体在管道中连续不断地稳定流动时,在管中任意取两个横截面 S_1、S_2,因为流体没有从管壁流进、流出,所以,在单位时间内,从 S_1 流入的流体体积一定与从 S_2 流出的体积相等,如图 7.11 所示.设 v_1、v_2 分别是流体流经 S_1 和 S_2 时的速度,在单位时间内从 S_1 流入的体积为 S_1v_1,从 S_2 流出的体积为 S_2v_2,则有

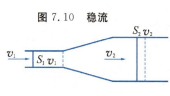

图 7.11 流体的连续性

$$S_1v_1 = S_2v_2$$

或

$$Sv = 恒量$$

上式表明,在理想流体的稳定流动中,单位时间内流过同一管道的任何截面的流体的体积相等,这个结论叫作**流体的连续性原理**.

单位时间内流过某一截面的流体的体积叫作**流体在该截**

面的流量,用符号 Q 表示,即

$$Q = Sv.$$

在国际单位制中,流量的单位是米³/秒,符号是 m³/s.

从上式可看出:通过同一管道任一截面的流速与截面积成反比.因此,在一条江河中,在江面窄、江底浅的地方水流得快,而江面宽、江水深的地方水流得慢.所以长江水在三峡段(水流截面小)的流速要比在九江处(水流截面大)的流速大得多.

例 3 在一粗细不均匀的管道中,测得水在直径 $d_1 = 20$ cm 处的流速 $v_1 = 25$ cm/s,问水在直径 $d_2 = 10$ cm 处的流速是多少?水在管中的流量是多大?此水管以这样的流量一天要流多少立方米的水?

分析与解答 管中流动的水可近似看作稳流,可根据流体的连续性原理求出水在 d_2 处的流速.设 d_1 处的截面积为 S_1,流速为 v_1,d_2 处的截面积为 S_2,流速为 v_2,则

$$S_1 v_1 = S_2 v_2,$$

即

$$\pi \left(\frac{d_1}{2}\right)^2 v_1 = \pi \left(\frac{d_2}{2}\right)^2 v_2,$$

得

$$v_2 = \frac{d_1^2}{d_2^2} v_1 = \frac{20^2}{10^2} \times 25 \text{ cm/s} = 100 \text{ cm/s} = 1 \text{ m/s}.$$

而

$$S_2 = \pi \left(\frac{d_2}{2}\right)^2 = 3.14 \times \left(\frac{10}{2} \times 10^{-2}\right)^2 \text{ m}^2 = 7.85 \times 10^{-3} \text{ m}^2,$$

则

$$Q = S_2 v_2 = 7.85 \times 10^{-3} \times 1 \text{ m}^3/\text{s} = 7.85 \times 10^{-3} \text{ m}^3/\text{s}.$$

以这样的流量,水管一天流出的水的体积

$$V = Qt = 7.85 \times 10^{-3} \times 24 \times 3600 \text{ m}^3 \approx 6.78 \times 10^2 \text{ m}^3.$$

1. 在一条河的两个宽窄不同的地方,如果水流的速度相同,试问这两处水的深度有什么不同?

2. 自来水管粗处过水面积是细处过水面积的 2 倍.如果水在粗处的流速为 10 cm/s,则它在细处的流速是多大?若细处的直径为 2 cm,求管内水的流量.

3. 自来水管中的水在水压的作用下流入一层楼的房间,房内水管的内径为 1 cm,管内水的流速为 4 m/s,引入该层楼的水管的内径为 2 cm,求该层楼水管里水的流速.

*4. 有一个灌溉渠,其横截面是一等腰梯形,底宽 2 m,水面宽 4 m,水深 1 m. 这个渠再通过两个分渠把水引到田里,分渠截面也都是等腰梯形,底宽 1 m,水面宽 2 m,水深 0.5 m. 如果水在分渠内的流速都为 20 cm/s,求水在总渠内的流动速度.

7.6 伯努利方程

1912 年秋季的一天,当时世界上一流的大轮船——"奥林匹克"号在海面上全速航行,从远处驶来一艘名叫"霍克"号的军舰,在相距 100 m 的海面上两船平行航行,不久"霍克"号失控,舰艏转向"奥林匹克"号,船员们的操纵无济于事,"霍克"号一头"扎进""奥林匹克"号的船舷. 为什么会发生这样的惨剧呢?

伯努利方程

设想在粗细不均匀的管道中,取一小段稳流中的流体 a_1b_1,在某一时刻,这段流体处于 1 位置,距参考面的高度为 h_1;经过极短时间 Δt 后,流体流到位置 2,距参考面的高度为 h_2,如图 7.12 所示. 设在位置 1 处,流体左侧所受的压强为 p_1,流速为 v_1;在位置 2 处,流体右侧所受的压强为 p_2,流速为 v_2.

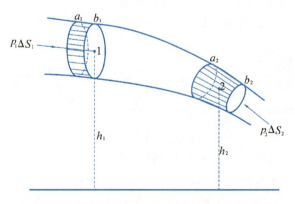

图 7.12 不均匀管道中的流体

若流体的密度为 ρ,根据动能定理可以证明

$$p_1 + \rho g h_1 + \frac{1}{2}\rho v_1^2 = p_2 + \rho g h_2 + \frac{1}{2}\rho v_2^2$$

或
$$p + \rho g h + \frac{1}{2}\rho v^2 = 恒量.$$

这就是**伯努利方程**. 式中 $\rho g h$ 为管道中某点周围单位体积内流体的重力势能,$\frac{1}{2}\rho v^2$ 为单位体积的流体在该点的动能,p 为该处的压强. 压强的单位是 N/m^2,它可理解为 $N \cdot m/m^3 = J/m^3$,这与 $\rho g h$、$\frac{1}{2}\rho v^2$ 的单位相同,因此它表示单位体积的流体在该点由于压力而具有的能量(称为压力能).

从伯努利方程可以看出,在同一管道的任何截面上,流体的动能、重力势能和压力能的总和都相等. 这表明理想流体做稳定流动时能量守恒.

若管道水平放置,取其中心线所在的面为参考面,则伯努利方程可表示为

$$p_1 + \frac{1}{2}\rho v_1^2 = p_2 + \frac{1}{2}\rho v_2^2.$$

从上式可看出:流速小的地方,压强大;流速大的地方,压强小.

由连续性原理 $S_1 v_1 = S_2 v_2$ 可知,截面积小的地方流速大,截面积大的地方流速小.

综上可得:**理想流体在同一水平管道内稳定流动时,在截面积大的地方,流速小,压强大;在截面积小的地方,流速大,压强小.**

因此,当两艘船平行高速航行时,两船之间的水流被挤在一个狭窄的通道里,其速度比两船之外的水流速度大,两船之间的压强远小于两船之外的压强,这就使得两船的外舷受到较大的压力而相互靠拢,这时较小的船只更容易受到这股力的作用而撞向大船."霍克"号撞上"奥林匹克"号就是这个原因.

例 4 一大容器的水面下 h 处的器壁上有一小孔,水由此处流出,如图 7.13 所示. 已知容器的横截面积为 S_a,小孔的横截面积为 S_b,且 $S_a \gg S_b$,试求由小孔流出的水的速度 v_b.

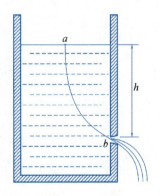

图 7.13 例 4 图

分析与解答 水可以看作理想流体,因容器的横截面积 S_a 比小孔的面积 S_b 大得多,水面下降极慢,在短时间内高度差 h 几乎不发生变化,水可以看作是稳定流动的,因而可以用伯努利方程求解.

取小孔处为参考面,则 $h_a = h$,$h_b = 0$. 水面处和孔口处的压强均为大气压 p_0. 又因 $S_a \gg S_b$,由连续性原理 $S_a v_a = S_b v_b$ 可知,水面处的流速 $v_a \ll v_b$,所以 v_a 可以忽略. 把这些量值代入伯

努利方程,得

$$p_0 + \rho g h = p_0 + \frac{1}{2}\rho v_b^2,$$

所以
$$v_b = \sqrt{2gh}.$$

这个结果表明,小孔中水的流速数值上与物体自由下落 h 时的速度大小相等.

抽吸作用

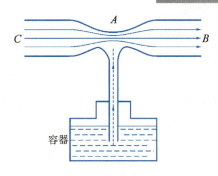

图 7.14 流体的抽吸

如图 7.14 所示,水平 T 形管插在盛水容器里,其中 B、C 处的横截面积远大于 A 处的横截面积,管中的流体在外力的作用下由 C 向 B 流动,则在 A 处,因截面积小,流速大,压强小.增加管中流体的流速,当 A 处的压强小于大气压时,容器中的水在大气压的作用下被压入 A 处而被水平管中的流体带走,流体的这种作用叫作**抽吸作用**.

图 7.15 喷雾器

抽吸作用有很多的应用,如喷雾器(图 7.15),当把圆筒里的活塞快速向前推动时,筒内的空气就从圆筒末端 A 处以很大的速度流出,从而使小孔附近的压强小于大气压,于是容器内的液体就在大气压的作用下,沿着细管上升,到达 A 处小孔附近时,被气流冲击,分散成雾状喷射出来.

图 7.16 是水流抽气管的构造示意图,当自来水管流出的水流经过玻璃管的细窄部分 M 时,水的流速大大增强,压强变得很低,因此就可以通过与容器连接的管子,把容器中的空气吸出,一直可抽到容器中的压强等于细窄部分的压强为止.

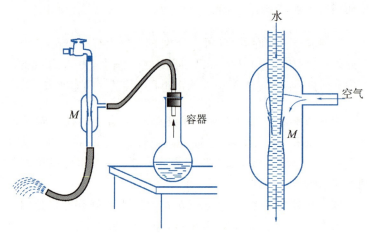

图 7.16 水流抽气管的构造示意图

在球类比赛中,"弧线球"具有很大的威力,它旋转着前进,轨迹不是直线,或上飘,或下坠,或向左偏,或向右移,令人捉摸不透.为什么会产生这样的效果呢？图 7.17 表示出一个逆时针旋转的球周围空气的流动情形.球旋转时会带动周围一层空气随之旋转,它们与迎面来的气流相遇,导致球的下方空气流速大,压强小,上方空气流速小,压强大,因而产生一个向下的压力,球将向下偏转.图 7.18 表示乒乓球上旋时其轨迹比不旋转的球要低.

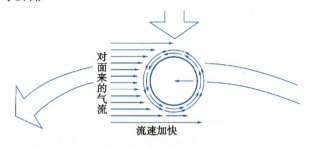

图 7.17　逆时针旋转的球周围空气的流动情形

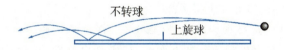

图 7.18　上旋球与不转球飞行弧线比较

　马略特容器　

取一大塑料瓶,在其底部钻一小孔(直径要小),若瓶内盛有水,小孔中水的流速是不恒定的,随着液面的降低,流速将减小.这个瓶可以稍做改造,使小孔中水的流速恒定.取一根长度适当的细玻璃管,将其插入一橡皮塞中,且保持两者紧密结合(不漏气),将瓶装满水,用橡皮塞塞紧,如图 7.19 所示.这样尽管瓶内液面不断下降,瓶底小孔中水的流速是恒定的.(想一想:如何判定由小孔流出的水的速度是恒定的?)

为什么从小孔中流出的水的速度恒定呢？因为玻璃管内没有水,空气通过玻璃管进入瓶内,高度为 A 处的水面为大气压强,其高度不变,流速为零.根据伯努利方程,小孔中水的流速取决于 h,只要塑料瓶内的水面高于 A,则小孔中水流速度将始终保持不变.这个容器是由法国物理学家马略特发明的,因此称为"马略特容器",它在生产实践中有很多应用.

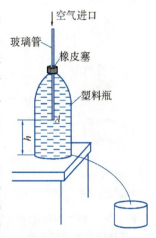

图 7.19　马略特容器

知识窗 气动阻力和空气升力

日常生活经验告诉我们，物体在液体中运动时，要受到液体的阻力。例如，在静止的水面上划船，若不连续划，船会慢慢地停下来，这就是水的阻力的作用。当我们骑自行车运动时也能感觉到空气的阻力。

空气阻碍物体运动的力，叫作气动阻力，也叫作空气阻力。

气动阻力和哪些因素有关呢？日常经验和科学实验都证明，它与下面三个因素有关。

（1）与物体和空气的相对速度有关。相对速度越大，气动阻力越大。例如，当我们骑自行车时，速度快比速度慢所受到的阻力要大。

（2）与物体的正面面积有关。所谓正面面积，就是在垂直于运动方向上的物体的最大截面积。物体的正面面积越大，气动阻力也越大。例如，用降落伞下降时比不用降落伞单独一个人下降时所受阻力要大得多。

（3）与物体的形状有关。例如，同样是撑开的伞，凹部向风时，比凸部向风时所受阻力要大。从实验中知道，在相对速度和正面面积相同的情形下，球体所受阻力小于圆板所受阻力。半球形的物体在凹面向风时受到的阻力特别大，所以降落伞总是做成半球形的。

图 7.20 表示物体的形状对气动阻力大小的影响。取圆柱体所受的阻力为单位 1，如果在圆柱体前面加一个圆锥体，可以把阻力减小到 $\frac{1}{2} \sim \frac{1}{4}$（由圆锥角的大小决定）。如果圆柱体前面加上一个弹头形状的物体，可以把阻力减小到 $\frac{1}{5}$。如果把物体改成液滴或鱼的形状，可以把阻力减小到 $\frac{1}{25}$。

正面面积相同的不同形状的物体，在气体或液体中用相同的速度运动时，流线体受到的气动阻力最小。流线体的形状是：前面圆，后面尖，表面尽可能光滑。通常飞艇、潜水艇、竞赛汽车、飞机的机身和机翼、轮船的浸水部分等都应做成流线型。

物体在空气中运动时，除了受到阻力之外，还要受到其他一些力的作用，其中就有气流对物体的升力。飞机能在高空中飞行不掉下来，鸟儿能在天空中自由地飞翔，都是因为这个升力的作用。

使飞机上升的主要部件是机翼。它的形状和鸟的翅膀相似，截面的形状如图 7.21 所示，上侧凸，下侧平。飞机沿跑道滑

1

$\frac{1}{2} \sim \frac{1}{4}$

$\frac{1}{5}$

$\frac{1}{25}$

图 7.20 物体的形状对气动阻力大小的影响

行时，就产生了相对于飞机运动的气流．在相同时间里，机翼上侧气流运动的路程（凸形）比下侧（平面）长，因此机翼上侧空气流速比下侧快，使上侧气流对机翼的压强 p_1 小于下侧气流对机翼的压强 p_2，这样就产生了一个向上的压强差，使飞机获得升力．飞机滑行的速度越大，升力就越大，当升力大于飞机的重力时，飞机就起飞了．相反，当空中的飞机因发动机故障而失速时，一旦升力小于重力，飞机就会失事．

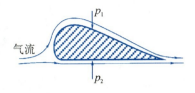

图 7.21　机翼的截面形状

 思考与练习

1．取两张比较大的纸，粘在两根相互平行的细杆上，然后在两纸之间从上往下吹气，这时两张纸就相互靠近，如图 7.22 所示．做一做这个实验并解释所看到的现象．

*2．在如图 7.23 所示的虹吸现象中，水流从 A 点经过最高点 C 流向 B 点，比较 A、C 两点附近单位体积的流体．A 点处的流速不比 C 点处的流速大，可是 C 点位置高，重力势能大，显然，C 点附近单位体积流体的机械能比 A 点附近单位体积流体的机械能大．难道虹吸现象不遵守能量守恒定律吗？请用伯努利方程解释这一现象．

3．每当疾驶的汽车通过时，路边的树叶等轻小的物体常常被吸向汽车，为什么？

4．在火车站的月台上，都画有安全线，候车的旅客必须在安全线以外的地方等车，否则是很危险的，火车可能把旅客"吸"过去，造成祸事．火车的这种吸力是怎样产生的？

5．圆柱形水桶的底部有一带阀门的小孔，如果桶内的水深 1.2 m，求刚打开阀门时水从小孔中流出的速度．

图 7.22　思考与练习 1 图

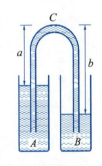

图 7.23　思考与练习 2 图

 本章知识小结

一、气体的状态参量和状态方程

1．气体的状态参量（表 7.1）

表 7.1 气体的状态参量

参量	符号	国际单位	微观解释	决定因素
体积	V	m^3	与分子间的平均距离相关	容器的容积
温度	T	K	表征分子热运动的平均动能大小	分子热运动剧烈程度
压强	p	Pa	由气体分子对器壁的碰撞而产生	分子密度、绝对温度

其中 K 是国际单位制中的一个基本量,它与摄氏温度之间的数值关系为

$$T=(t+273)\text{K}.$$

2. 理想气体状态方程

对一定质量的气体,它的状态参量保持如下关系:

$$\frac{pV}{T}=\text{常量,或 }\frac{p_1V_1}{T_1}=\frac{p_2V_2}{T_2}.$$

二、热力学第一定律

1. 物体的内能

物体内所有分子的动能与势能的总和叫作物体的内能.物体的内能与它的质量和状态参量有关.一定质量的理想气体,它的内能仅与温度有关.

2. 改变内能的方式

做功和热传递是改变物体内能的两种方式.做功可以实现机械能与物体内能的相互转换,热传递是物体间内能的转移.

3. 热力学第一定律

系统吸收的热量等于系统内能的增量和系统对外所做功的总和,即

$$Q=\Delta E+W.$$

三、能量守恒定律

能量既不能创生,也不能消失,只能从一种形式转换为另一种形式,或者从一个物体转移到另一个物体,而能量的总和保持不变.

四、不同的物态(表 7.2)

表 7.2 不同物态的比较

物态	流体		固体		液晶
	气体	液体	晶体	非晶体	
性质	没有确定的形状和大小,具有流动性	有一定的体积,没有确定的形状,具有流动性	有一定的熔点,物理性质各向异性	没有一定的熔点,物理性质各向同性	既具有流动性,又具有各向异性

五、流体的规律

1. 连续性原理

在理想流体的稳定流动中,单位时间内流过同一管道的任何截面的流体的体积相等,即

$$Sv = 恒量$$

或

$$S_1 v_1 = S_2 v_2.$$

2. 伯努利方程

$$p + \rho g h + \frac{1}{2} \rho v^2 = 恒量$$

或

$$p_1 + \rho g h_1 + \frac{1}{2} \rho v_1^2 = p_2 + \rho g h_2 + \frac{1}{2} \rho v_2^2.$$

本章检测题

一、判断题

1. 做功和热传递对物体内能的改变是等效的. 　[　　]
2. 一定质量理想气体内能的大小只与温度有关. 　[　　]
3. 当物体温度不变时,就没有吸收或放出热量. 　[　　]
4. 有规则的几何外形的固体一定是晶体. 　[　　]

二、填空题

1. 凡是与温度有关的现象,都叫作_____现象.温度反映了分子无规则运动的_____.

2. 热力学温度的单位是_____.某人的体温为 37 ℃,用热力学温度表示是_____.

3. 汽缸中一定质量的气体膨胀对外做功 800 J,同时从外界吸热 1 400 J,则它的内能改变了_____.

4. 一水管半径为 r,水在管内流动的速度为 v,管内水的流量 Q 为_____.

5. 流体在水平管中做稳流,在流经细的地方时,流速_____,压强_____.

6. 一定质量的理想气体在某温度下体积为 20 L,压强相当于 75 cm 水银柱产生的压强.当温度保持不变,体积增大到 100 L 时,压强相当于_____水银柱产生的压强.

三、选择题

1. 一定质量的理想气体,压强保持不变,当温度为 27 ℃ 时,体积为 V,当温度升高到 81 ℃ 时,体积变为 V',则 V' 为

[　　]

(A) 3V.　　(B) 2V.　　(C) 1.18V.　　(D) $\dfrac{V}{3}$.

2. 一定质量的某种气体,它内能减少的数量等于它对外做的功,气体在状态变化过程中　　　　　　　　　　[　　]

(A) 温度不变.　　　　　　(B) 体积不变.
(C) 压强不变.　　　　　　(D) 温度降低.

3. 气体的温度升高了 30 ℃,如果用热力学温标表示,则温度升高了　　　　　　　　　　　　　　　　　[　　]

(A) 303 K.　　　　　　　(B) 243 K.
(C) 30 K.　　　　　　　　(D) 不能确定.

4. 如图 7.24 所示,不同形状的三个容器,其容积、高度都相等,且底部出水管的面积也相同,则关于出水速度,下列说法正确的是　　　　　　　　　　　　　　　　　　　[　　]

(A) 丙出水速度最大.　　　(B) 乙出水速度最大.
(C) 甲出水速度最大.　　　(D) 甲、乙、丙出水速度一样大.

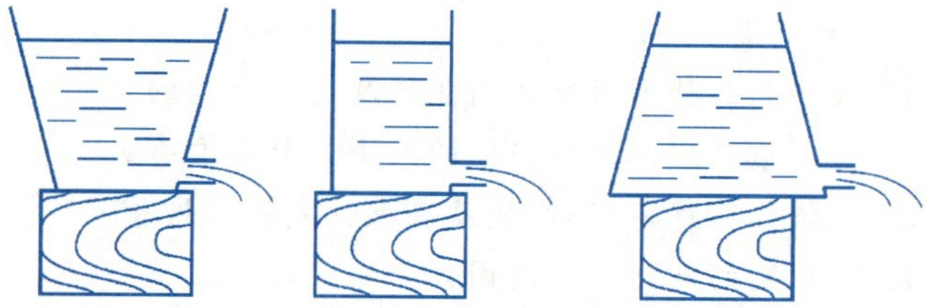

甲　　　　　乙　　　　　丙

图 7.24　选择题 4 图

四、计算题

1. 停在车库里的汽车,在室温 27 ℃时轮胎里空气的压强为 4.04×10^5 Pa,当它在烈日下的高速公路上行驶时,轮胎温度达到 80 ℃,此时轮胎里空气的压强是多少?(忽略轮胎体积的变化)

2. 一定质量的理想气体从外界吸热 800 J,它受热后膨胀,把 60 kg 的重物举高 1 m,气体的内能变化了多少?(g 取 10 m/s²)

3. 水平放置的粗细不均匀的管子,在半径为 8 cm 处,水的压强为 3×10^5 Pa,水流速度为 20 cm/s. 求水在半径为 2 cm 处的流速和压强.

190

物理实验

绪 论

物理学是一门建立在实验基础上的科学.物理定律是科学家从直接或间接的实验中或者从对自然现象的长期观察中,探索归纳出来的规律.在物理学发展过程中,科学家提出的新理论,必须经过实验的检验才能证明是否正确,或者是否需要修正.

作为学生,继承前人留给我们的物理知识时,为什么要做实验呢?主要原因有以下几点:

第一,物理概念是抽象的,我们通过实验能够从中获得建立概念的感性认识,这能帮助理解概念.例如,什么是瞬时速度、什么是加速度等,你动手测量它们以后,印象就深了,即以最有效的方式掌握物理知识.

第二,做实验就要使用仪器,学习使用基本测量工具、仪器,旨在训练学生掌握实验技能,遵守操作规范,提高动手能力,为职业能力的形成打下必要的基础.

第三,物理定律是科学家经过长期艰苦的探索才归纳出来的,我们通过实验,就能够以较短的时间,大体经历一次科学家探索的模拟过程,可以从中领悟到一些科学研究的方法,从而能提高对事物的分析研究能力,提高科学素质.既有利于能力发展,也有利于培养科学态度,形成良好的习惯.

可见,不论是对于我们了解物理学的发展,还是对于我们学习物理,实验都是非常重要的.

一、有效数字

实验测量的结果是用数据反映出来的,但是必须要有科学的计数和计算方法,才能真实地反映实验成果.

1. 仪器的精度与读数.

以长度的测量为例,学生用的直尺最小分度为毫米,丈量土地用的卷尺一般最小分度为厘米,这**最小分度就称为仪器的精度**.显然,学生直尺比卷尺的精度高.

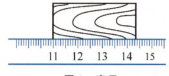

图1 直尺

图1中用学生直尺测量小木块的长度,读数是33.9 mm.这个读数中的"33 mm"是准确可靠的,"0.9 mm"是估计的不准确数.可见,用仪器进行测量所得的数据,是由准确的**可靠数字**和估计的**不准确数字**(也称为**可疑数字**)这两部分组成的.如果用丈量土地的卷尺测量长度,估计的读数应在毫米(十分之一厘米)的位数.

图2 用毫米直尺测量长度

有时用毫米精度的学生直尺测量某个长度刚好读到整数,如"40 mm"(图2),其实这个整数也是估计的,正确读数应记为"40.0 mm".

从上面的例子可以看到,可疑数字前面的1位读数是对应仪器精度的.想一想,如果从某个电压表上测得的读数是2.54 V,这个电压表的精度是多少?

2. 有效数字.

在每一次测量中,从仪器读得的全部可靠数字和最后1位可疑数字,它们都是有效的测量结果,叫作**有效数字**.例如,从图2中读得的"40.0 mm"就是有效数字.实验记录应该用有效数字表示.如果以为小数点后面的"0"可有可无,对于图2,只记录"40 mm",就是自贬测量的精度——使其中的"0 mm"表示成了可疑数字;而如果在读数后面随意添"0",写成"40.00 mm"就是夸大了测量精度——使其中的"40.0 mm"都表示成了可靠数字.

有效数字的运算有一定规则,本书对此不予要求.同学们对实验数据进行运算后,一般只需保留2～3位数的数字,再配合用指数表示即可.例如,$3.1×10^2$ N、$2.0×10^{-2}$ V 等.

二、误 差

被测量的物理量有它的客观真实数据,叫作**真值**.在测量过程中由于仪器的性能、实验所采用的方法、自然环境、实验者的操作水平等原因,会导致测量值跟真值之间产生偏差,偏差的值就是**误差**.进行任何测量都会产生误差,这是客观事实.我们应该做的是研究误差产生的原因,设法减小误差;再就是计算实验中产生的误差大小,来评价实验的成果.

1. 误差的分类.

(1) 系统误差.由于仪器有缺陷(如零点未调好、刻度不准等),实验方法不完善,各人观测时的偏向(读数总是偏大或偏小)以及环境的变化(如压强、温度等变化的影响)等原因,引起多次测量结果总是有规律地偏大或偏小,这种误差称为**系统误差**. 例如,一个未校正的电压表,它的指针不在零刻度,而是在 0.1 V 处,那么它每次测量的读数都会偏大 0.1 V.

减小系统误差的方法一般有:选用精度较高的仪器;使用仪器进行测量之前要进行校正;改善实验方法、提高操作技能等.

(2)偶然误差. 偶然误差是由各种偶然因素对实验者、测量仪器、被测物理量的影响而产生的. 例如,用有毫米刻度的尺量物体的长度,毫米以下的数值只能用眼睛来估计,各次测量的结果可能就不一致,有时偏大,有时偏小. 再例如,进行电路测量时由于电源电压不稳定,会导致电表示数忽大忽小. 偶然误差总是有时偏大,有时偏小,并且偏大和偏小的机会相同. 因此,我们可以多进行几次测量,各次测量数值的平均值就比一次测得的数值更接近于真实值.

2. 误差的表示.

误差的表示,就是把测量值跟真值进行比较. 而真值也必须经过测量才能得知,但是只要进行测量就必然会有误差,因此被测对象虽然有一个客观的真值,我们却无法得知. 解决问题的办法,就是用**公认值**代替真值,因为公认值是人们用精确的测量方法得到的. 例如,初中的物理课本中给出的 $\rho_\text{水}=1.0\times 10^3$ kg/m³、$\rho_\text{铝}=2.7\times 10^3$ kg/m³ 就是水和铝密度的公认值. 在有些实验中,如测一个未知电阻的阻值时,它就没有公认值. 在这种情况下,就把多次测量值的**算术平均值**作为公认值. 为什么算术平均值能作为公认值呢? 因为每一次的测量值都在真值的附近,有时偏大(正偏差),有时偏小(负偏差),把各次测量值相加求和,就可以使偏大、偏小相抵消. 所以用测量值的和除以测量次数得出的算术平均值就很接近于真值.

以下表示的几种误差,都是把测量值跟公认值(或算术平均值)进行比较而确定的.

(1)绝对误差. 测量值跟公认值相差的绝对值叫作**绝对误差**.

设对某物理量进行 n 次测量,测量值分别为 $x_1, x_2, \cdots, x_n$,则该量的公认值(算术平均值)就是

$$\bar{x}=\frac{x_1+x_2+\cdots+x_n}{n}.$$

每次测量的绝对误差分别为:$|x_1-\bar{x}|, |x_2-\bar{x}|, \cdots, |x_n-\bar{x}|$.

各次测量的绝对误差的平均值叫作**平均绝对误差**,用 Δx 表示,即

$$\Delta x=\frac{|x_1-\bar{x}|+|x_2-\bar{x}|+\cdots+|x_n-\bar{x}|}{n}.$$

通常 Δx 只取一位非零数字,测量的结果应写成如下形式:
$$x = \bar{x} \pm \Delta x.$$
例如,多次测量图 1 中的木块长度,数据如下表所示:

实验次数	1	2	3	平均值/mm
测量值/mm	33.7	33.9	33.7	33.8
绝对误差/mm	0.1	0.1	0.1	0.1

木块长度实验值 $l = (33.8 \pm 0.1)$ mm.

(2) 相对误差. 如果我们测量一张桌子,得出的平均绝对误差也是 0.1 mm 的话,它就比上例中测量小木块的精确度高. 因为桌子比小木块长,0.1 mm 的误差占总测量值的比例小. 所以要反映实验的精确程度,就要看平均绝对误差跟平均值的比值有多大,这个比值就称为**相对误差**,表示为

$$\delta = \frac{\Delta x}{\bar{x}} \times 100\%.$$

例如,上面例子中对小木块长度测量的相对误差为

$$\delta = \frac{\Delta l}{l} = \frac{0.1 \text{ mm}}{33.8 \text{ mm}} \approx 0.003 = 0.3\%.$$

实验 1　测规则形状固体的密度

一、实验目的

1. 学会正确使用物理天平和游标卡尺.
2. 测定金属圆柱体的密度.

二、实验原理

物质的密度为 $\rho = \frac{m}{V}$. 用物理天平可测出金属圆柱体的质量 m,用游标卡尺可测出金属圆柱体的直径 D 和高度 h,以此求出体积 $V = \frac{\pi D^2}{4} h$. 所以密度 $\rho = \frac{m}{V} = \frac{4m}{\pi D^2 h}$.

三、实验器材及使用方法

A. 物理天平

1. 物理天平的构造.

物理天平是称量质量的仪器,它是根据等臂杠杆原理制成的. 其构造如图 3 所示,主要由横梁、支柱和秤盘三部分组成.

(1) 天平底座上装有水准气泡或支柱上装有铅垂线,用作调节天平底座的水平.

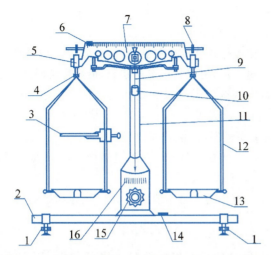

1.水平螺钉 2.底板 3.托架 4.支架 5.吊耳 6.游码 7.横梁 8.平衡调节螺母 9.读数指针 10.感量调节器 11.中柱 12.盘梁 13.秤盘 14.水准器 15.开关旋钮 16.读数标牌

图 3 物理天平

(2) 横梁两侧和中央分别装有钢制三棱柱,其上一锋利的棱称为刀口,物盘和砝码盘通过吊耳、吊架分别悬挂于横梁两侧的刀口上.横梁中央处的主刀口向下,承放于支柱上端的刀槽上,使横梁可灵活地自由摆动.这是天平能称量微小质量的关键所在,因此要保护刀口的完好.

(3) 横梁下面固定一指针,当横梁摆动时,指针就左右摆动.

(4) 横梁的升降由升降旋钮控制.在调天平平衡时使用横梁两端的平衡螺母.

(5) 天平横梁上装有游码,游码由横梁左端移到右端时,相当于往右盘中增加 1.00 g 砝码.如果游码由左端移到右端共移动 5.0 小格,就代表往右盘中增加了 0.1 g 砝码,因此,物理天平的最小称量(又称天平的感量)是 0.02 g.在使用游码称量时,可估计到 0.01 g.物理天平的称量是指允许测定质量的最大值(砝码盒里全部砝码的质量).

2. 物理天平的调整.

(1) 首先检查天平是否安装妥当.

(2) 调底板水平:旋转底板下部的水平螺钉,使水准器的气泡位于中央时,底板的水平就调好了.

(3) 调横梁平衡:先把游码移到横梁左端的零刻度处,然后

195

旋转横梁两端的平衡调节螺母,当观察到读数指针在读数标牌的零刻度两边摆动的格数相等时(或读数指针停在零刻度处),就表示横梁已调成平衡了.

3. 操作的注意事项.

(1) 要把被称物体放在左盘,右盘放砝码,即左物右码.在估计了物体质量之后,由大到小选用砝码,最后用游码调节平衡.

(2) 每次调选砝码或取放物体时,都应旋动开关旋钮降下横梁.只有在判定天平是否平衡时,才旋动开关旋钮使横梁升起.升降横梁要轻慢,以保护刀口.

(3) 取放砝码要用镊子.不要把潮湿、高温、腐蚀性物品直接放在天平盘里称.

(4) 被测物体的质量不应超过天平允许称量的最大值.

B. 游标卡尺

游标卡尺是比较精密的测量长度的仪器,用它测量长度可以准确到 0.1 mm、0.05 mm 或 0.02 mm. 下面先介绍精度为 0.1 mm 的游标卡尺.

游标卡尺的构造如图 4 所示. 它的主要部分是一条主尺 a 和一条可以沿着主尺滑动的游标尺 b,左测脚固定在主尺 a 上并与主尺垂直;右测脚与左测脚平行,固定在游标尺 b 上,可以随同游标尺一起沿主尺滑动. 利用上面的一对测脚可测量槽的宽度和管的内径;利用下面的一对测脚可测量零件的厚度和管的外径;利用固定在游标尺上的窄片 c 可测量槽和筒的深度. 一般游标卡尺最多可以测量十几厘米的长度.

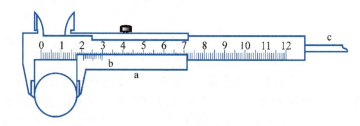

图 4　游标卡尺

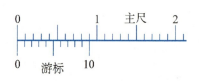

图 5　主尺和游标尺

主尺和游标尺上面都有刻度,如图 5 所示. 主尺的最小分度是 1 mm,游标尺上有 10 个小的等份刻度,即 10 格. 它们的总长等于 9 mm,因此游标尺的每一格比主尺的最小分度相差 0.1 mm. 当左、右测脚合在一起,游标的零刻度线与主尺的零刻度线重合时,除了游标的第 10 格刻度线也与主尺的 9 mm 刻度线重合外,其余刻度线都不重合.

如果在两个测脚之间放一个 0.4 mm 的薄片,这时游标的第 4 格刻度线跟主尺的 4 mm 刻度线重合(其他的刻度线都与主尺的刻度线不重合),它说明游标的零刻度线跟主尺的零刻度线相距 0.4 mm,这就是被测薄片的厚度.

在测量大于 1 mm 的长度时,整的毫米数由主尺读出,小于 1 mm 的数则从游标读出. 图 6 表示某次测量的游标的位置,从主尺读出 23 mm. 游标的第 7 格刻度线跟主尺的 1 条刻度线重合,说明小于 1 mm 的读数为 $7×0.1$ mm$=0.7$ mm. 所以被测物的长度为 $(23+7×0.1)$ mm$=23.7$ mm.

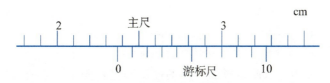

图 6　某次测量时游标的位置

图 7 所示是实验室中常用的一种精度为 0.02 mm 的游标卡尺,它的游标有 50 格,游标每格的长度比主尺上的 1 mm 短 $\frac{1}{50}$ mm$=0.02$ mm. 图中被测物体长度的整数为 26 mm,游标的第 9 格刻度线跟主尺的 1 条刻度线重合,所以总长度为 $(26+9×0.02)$ mm$=26.18$ mm.

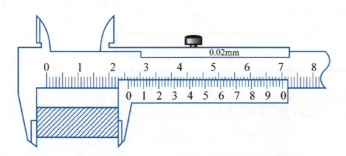

图 7　实验室常用的精度为 0.02 mm 的游标卡尺

四、实验步骤

1. 先调天平底座水平,然后把游码移至零刻度处,调节横梁使之平衡. 用天平把待测物体的质量称三次. 每次称量之前,都要把天平的横梁调成平衡.

2. 在圆柱体的不同部位,分别测量三次圆柱体的高度和直径.

五、实验记录与计算

金属密度公认值 $\rho_0 =$ _____ kg·m^{-3}

序次	质量 m/kg	高度 h/mm	直径 D/mm	体积 V/m^3	密度 ρ ρ/(kg·m^{-3})
1					
2					
3					
平均值					

平均绝对误差 $\Delta\rho = |\rho - \rho_0| =$ 　　　相对误差 $\delta = \dfrac{\Delta\rho}{\rho_0} =$

实验值 $\rho = \rho \pm \Delta\rho$

六、思考题

1. 为什么测金属圆柱体的高度和直径要在不同的部位测量三次?

2. 如果把被称物体放在天平的右盘,而砝码放在左盘,记录游码的读数时会出现什么错误?

3. 某同学用精度为 0.1 mm 的游标卡尺测得物块长度为 20.1 mm,这三位有效数字的最后一位"0.1 mm"是可靠数字还是估计的可疑数字?

4. 体会一下本实验为何要用游标卡尺来测金属圆柱体的高度和直径.

实验 2　测玻璃的折射率

一、实验目的

1. 掌握测玻璃折射率的方法.
2. 加深对折射定律的理解.

二、实验原理

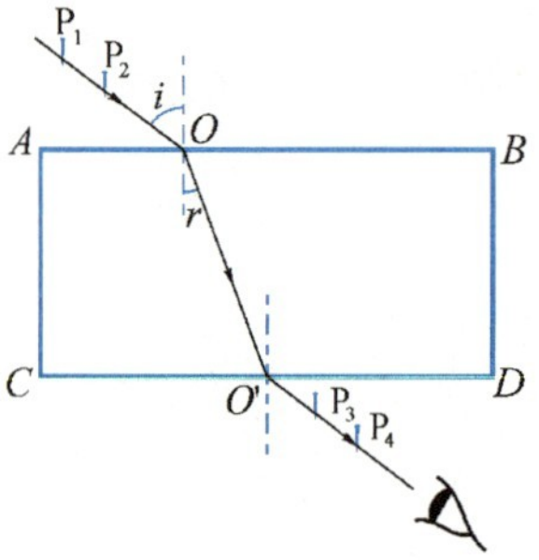

根据折射率的定义,图 8 中玻璃的折射率 $n = \dfrac{\sin i}{\sin r}$. 在实验中,只要能测出光对玻璃的入射光线和折射光线,即可用量角器测出角度而求得折射率.

怎样测出玻璃中的折射光线呢?本次实验采用简易的插针法.因为光线经过透明平行板——长方体玻璃砖的两个平行面(AB 面和 CD 面)后要产生侧向平移,所以图 8 中眼睛的视

图 8　测玻璃的折射率实验

线沿着逆光路方向时,如果图中的四枚大头针(P_1、P_2、P_3、P_4)看起来是重合在一起的,光线的位置就由这四枚大头针的位置测出来了.

三、实验器材

图板、白纸、玻璃砖、大头针、量角器、直尺.

四、实验步骤

1. 把白纸放在图板上,将玻璃砖放在白纸中央,用笔描下玻璃砖的外形,如图8所示.在以后的实验步骤中,不要将玻璃砖移出所画的位置.

2. 在图8中玻璃砖 AB 面的一侧,把两枚大头针 P_1、P_2 竖直插在白纸上,并使 P_1、P_2 的连线跟 AB 相交.P_1、P_2 的连线就作为入射光线.

3. 在玻璃砖 CD 面的一侧移动视线,使眼睛看到的 P_1、P_2 的虚像能重合在一起,沿着该视线的方向在 CD 这一侧再竖直插两枚大头针 P_3 和 P_4,并使这四枚大头针看起来重合在一起.P_3、P_4 的连线就作为从玻璃砖折射出来的光线.

4. 移去玻璃砖,连接图8中的 OO',它就是玻璃中的折射光线.用量角器测出入射角 i 和折射角 r.

5. 按上述步骤改变入射方向,再测两次.

五、实验记录与计算

序 次	入射角 i	折射角 r	$\sin i$	$\sin r$	n	绝对误差 $\lvert n-\bar{n} \rvert$
1						
2						
3						

公认值(平均值)$\bar{n}=\dfrac{n_1+n_2+n_3}{3}=$ 　　　　　平均绝对误差 $\Delta n=$

相对误差 $\delta=$ 　　　　　,实验值 $n=\bar{n}\pm\Delta n=$

六、思考题

1. 为什么插针时不能让 P_1、P_2 的连线跟 AB 垂直?

2. 如果在 CD 一侧只插一枚针,利用 P_1、P_2、P_3 这三枚针能测出玻璃中的折射光线吗?

3. 如果对于图8,不用量角器测角度,能否运用比例的方法求出玻璃的折射率?

实验3　测凸透镜的焦距

一、实验目的

1. 掌握测凸透镜焦距的原理和方法.
2. 观察改变物距时成像的变化.

二、实验原理

A. 平行光聚焦法

用一束平行光沿主光轴方向照向凸透镜,经过透镜折射后会聚到一点,会聚光点到透镜的光心的距离即为焦距.用此法可以迅速粗测焦距.

(想一想:如果没有平行光,怎样利用室内的光源确定焦点的大概位置,来粗测焦距?)

B. 共轭法（移动透镜二次成像法）

图 9 表示物体（光源）AB 经凸透镜生成实像 $A'B'$. 根据折射光路的可逆性,如果把实像 $A'B'$ 当成"物",原来的物 AB 就是 $A'B'$ 的"像",即 $p_2 = p_1'$ 和 $p_2' = p_1$. 这种在保持物与实像的距离不变时,实像与物的互逆叫作共轭.

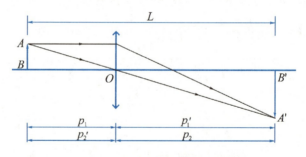

图 9　利用共轭法测透镜焦距

根据共轭的道理,既然 $p_2 = p_1'$ 时能在 $p_2' = p_1$ 处生成实像,就可以保持物与屏的距离不变,把图 9 中的凸透镜向右移动一段距离,并使移动后 $p_2 = p_1'$ 时,就能在 $p_2' = p_1$ 处再生成一个实像(想一想:这两次生成的实像,其性质有何不同?).图 10 中综合表示了凸透镜移动前后（O_1 和 O_2）两次成实像的各次物理量.

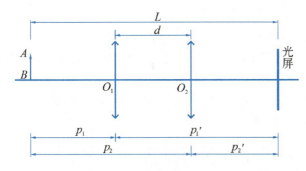

图 10　凸透镜两次成实像位置

在图 10 中,因为

$$L = p_1 + p_1', \quad d = p_1' - p_2' = p_1' - p_1,$$

将此两式相加和相减,可得

$$p_1' = \frac{L+d}{2}, \quad p_1 = \frac{L-d}{2}.$$

将 p_1'、p_1 代入透镜成像公式,整理后可得

$$f = \frac{L^2 - d^2}{4L}.$$

由于可精确地测定 L、d 的大小,因此可用此式较准确地得出凸透镜的焦距 f.

三、实验器材

光具座、凸透镜、光源、光屏等.

四、实验步骤

A. 用平行光法粗测凸透镜的焦距

调节光源、透镜与光屏共轴.用一束平行光沿主光轴方向照向透镜,光线聚焦后照在光屏上,调节光屏的位置,使光束形成的光斑最小.这时透镜到光屏的距离就是透镜的焦距.

在实际测量时,由于成像清晰程度的判断受主观因素的影响,总难免有一定的误差,而采用左、右逼近法读数,可以减小这种误差.具体操作是:先使凸透镜自左向右移动,当像刚清晰时停止,记下凸透镜位置的读数;再使凸透镜自右向左移动,在像清晰时又读得一数,取这两次读数的平均值作为成像清晰时凸透镜的位置.

B. 用共轭法测凸透镜的焦距

1.如图 10 所示,在光具座上放置光源与屏,使它们之间的距离 L 大于焦距近似值的四倍,而且光源与屏的中心都在凸透镜的主轴上,即共轴.

2. 移动透镜,当光屏上出现清晰的放大的像时,记下透镜的位置 O_1;再移动透镜,使屏上出现清晰的缩小的像时,记下透镜的位置 O_2(O_1 和 O_2 均用左右逼近法读数).测出 O_1 与 O_2 的距离 d.

3. 按上述方法,改变物、屏间的距离 L,再做两次实验,记录相应的 L 和 d 值.

五、实验记录与计算

1. 用平行光法粗测凸透镜的焦距.
2. 用共轭法测凸透镜的焦距.

序 次	L/cm	d/cm	f/cm	绝对误差 $\lvert f-\bar{f} \rvert$
1				
2				
3				
平均值 $\bar{f}=\dfrac{f_1+f_2+f_3}{3}=$			平均绝对误差 $\Delta f=$	

相对误差 $\delta=$,实验值 $f=\bar{f}\pm\Delta f=$

六、思考题

1. 如果用黑纸把凸透镜遮掉一半,对成像性质有没有影响?对所观察到的像是否有影响?请你试一试,再回答.

2. 当物距 p 比 $2f$ 大很多的时候,所生成的像大约在什么位置?

3. 凸透镜无像的区域在何处?

4. 有兴趣的同学可以根据透镜公式自行证明:凸透镜的物距 $p=\dfrac{L\pm\sqrt{L^2-4Lf}}{2}$,所以凸透镜成实像的条件是 $L\geqslant 4f$.

实验 4　验证力的平行四边形定则

一、实验目的

1. 验证两个互成角度的共点力合成时的平行四边形定则.
2. 巩固合力的概念.

二、实验原理

几个共点力的共同作用效果可以由一个力的作用效果来

代替时,代替的这个力就叫作那几个力的合力.求两个互成角度的共点力的合力的方法,就是以这两个力的图示矢量为邻边画平行四边形,跟这两个矢量共点的沿对角线方向的矢量(对角线长度是矢量的大小)即为合力.

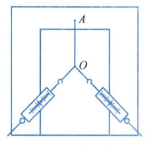

图 11 两只弹簧测力计互成角度拉橡皮条

三、实验器材

图板、白纸、图钉(或胶带)、三角板(一副)、量角器、弹簧测力计(两只)、橡皮条、细线等.

四、实验步骤

1. 在桌上平放一块方木板,在方木板上垫一张白纸,并把白纸固定.把橡皮条的一端固定在板上的 A 点,用两条细绳结在橡皮条的另一端,通过细绳用两只弹簧测力计互成角度拉橡皮条,使橡皮条在 F_1 和 F_2 两个力作用下伸长.橡皮条伸长后,使结点到达某一位置 O(图 11).

2. 记下两只弹簧测力计的读数以及结点的位置,描下两条细绳的方向,在纸上按比例作出两个力 F_1 和 F_2 的图示.用平行四边形定则求出合力 F.F 就是待验证的合力值.

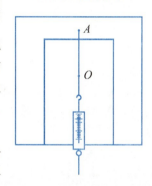

图 12 用一只弹簧测力计拉橡皮条

3. 只用一只弹簧测力计,通过细绳把橡皮条的结点拉到同样位置 O(图 12).记下弹簧测力计的读数和细绳的方向.按同样比例作出这个力 F' 的图示.因为 F' 代替了 F_1 和 F_2 共同作用的效果,所以 F' 就是合力的理论值.根据测量结果绘制力的图示,如图 13 所示.

4. 改变两条细绳的方向,重复上述步骤 2 和 3,再做一次实验.

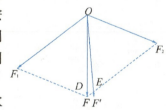

图 13 力的图示

五、实验记录与计算

序次	F_1/N	F_2/N	F/N	F'/N	误差		相对误差
					绝对误差		$\frac{\Delta F}{F'} \times 100\%$
					OD 与 OE 的夹角	$\Delta F=|F-F'|$	
1							
2							

六、思考题

1. 合力的大小一定比分力大吗?
2. 分析出现误差的原因.

实验 5 用气垫导轨测速度和加速度

一、实验目的

1. 学习使用气垫导轨和数字式计时器.
2. 学习在气垫导轨上测量物体的瞬时速度和加速度.
3. 巩固速度和加速度的概念.

二、实验原理

1. 运动物体在某一时刻(或位置)的速度,就是该时刻(或该位置)的瞬时速度.实际测量瞬时速度时,是测出物体在某一时刻附近很短的 Δt 时间内发生的位移 Δs,求出平均速度 $\frac{\Delta s}{\Delta t}$,以此来近似代替该时刻的瞬时速度. Δt 越短,则近似程度越好.本次实验采用的计时器能测出的 Δt 可达到毫秒数量级,可近似认为 $\frac{\Delta s}{\Delta t}$ 就是瞬时速度.

2. 物体做匀变速直线运动时,它的加速度 $a=\frac{v_t-v_0}{t}=\frac{v_t^2-v_0^2}{2s}$.测出瞬时速度 v_0、v_t 和速度变化对应的时间 t 或位移 s,就能得出 a.

三、实验器材及使用方法

A. 气垫导轨

气垫导轨(图 14)利用从导轨表面的小孔中喷出的压缩空气,使导轨表面和滑块之间形成一层很薄的气膜——气垫,将滑块悬浮在导轨上,从而消除了接触摩擦,提高了实验的精确程度.它和数字计时器、气源配合使用,可做多种力学实验,且误差甚小,是目前较为理想的力学实验仪器.

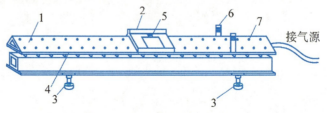

1.导轨 2.滑块 3.支撑螺钉 4.标尺
5.挡光板 6.光电门 7.喷气小孔

图 14 气垫导轨

1. 导轨. 导轨是一金属空腔,其一端封闭,另一端装有进气嘴,导轨工作面上均匀分布着喷气小孔,轨面前侧装有标尺.

2. 滑块. 它是在导轨上运动的物体,共有两件或三件,其上可装挡光片(图 15). 挡光片有一定的挡光宽度,称为计时宽度. 滑块运动时,挡光片的计时宽度 Δs 就是 Δt 时间内滑块的位移. 此外,滑块上还可安装缓冲弹簧、附加砝码等.

3. 支撑螺钉. 它是用来调导轨的纵向、横向水平的,也可根据实验要求使导轨向某一端倾斜.

4. 光电门. 由聚光灯泡和光敏元件(光敏二极管或光电管)组成,它的作用是把光信号转换成电信号,将电信号输入计时器.

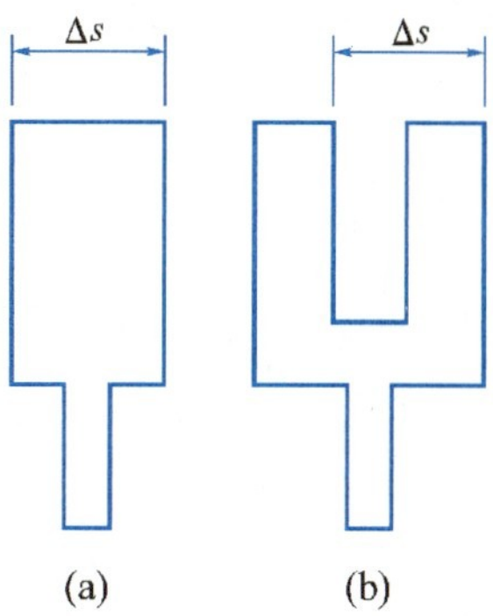

图 15　挡光片

B. 气源

气源就是空气压缩机,它使压缩空气从气垫导轨工作面上的小孔喷出,使滑块与导轨面之间形成气膜(垫).

使用气垫导轨和气源的注意事项:

1. 为了不使滑块与导轨面之间产生磨损,必须"带气操作",即必须在导轨小孔喷气时才能将滑块放在导轨上或将滑块从导轨上取下来.

2. 导轨底座两端有升降螺丝,按实验要求旋转螺丝,可使导轨水平或向一端倾斜. 导轨水平的标准是,滑块在导轨的两三个地方几乎静止(微动)即可.

3. 气源的气泵要随手关闭,以免长时间运转过热.

4. 导轨面勿用手触摸,以防气孔堵塞.

C. 数字毫秒计

JSJ-3 型数字毫秒计可分为主机和光电门两部分. 光电门通过导线与主机连接. 主机的面板控制器布局如图 16 所示.

1. 计时方法.

数字毫秒计可用光电信号控制计时的起、停(也可以用机械触点开关控制). 用光电信号控制(简称光控)时,有 A、B 两种计时方式. 使用 A 挡时,挡光片挡光开始计时,不挡光立即停止计时,数码管显示的是一次挡光的时间(即通过 Δs 位移所需要的时间 Δt);使用 B 挡时,挡光片第一次挡光开始计时,到第二次挡光就停止计时,数码管显示的是连续两次遮光的时间间隔.

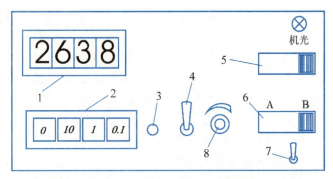

1.显示窗　2.时基信号　3.手动复零　4.自动、手动选择开关
5.机光控制键　6.计时方式选择开关　7.电源开关　8.延时旋钮

图 16　主机的面板控制器

2. 时基信号.

时基信号分 10 ms、1 ms、0.1 ms 三种,供选择测量精度所用.例如,按下"10 ms"键,数码管显示数字是"258"时,则计时时间为

$$258 \times 10 \text{ ms} = 2\,580 \text{ ms} = 2.580 \text{ s}.$$

按下"1ms"键,数码管显示的数字是"258"时,则计时时间为

$$258 \times 1 \text{ ms} = 258 \text{ ms} = 0.258 \text{ s}.$$

按下"0.1 ms"键,数码管显示的数字是"258"时,则计时时间为

$$258 \times 0.1 \text{ ms} = 25.8 \text{ ms} = 0.025\,8 \text{ s}.$$

3. 复零(也称清零).

有手动和自动两种复零方式.采用手动复零,需按手动复零按钮后,数码管的显示方为零;复零按钮置于"自动"位置时,停止计时后延长一定的时间自动复零.延长的时间可在 0~3 s 范围内任意选择,延时时间由延时旋钮调节.

四、实验步骤

1. 按数字毫秒计的使用方法,用四芯插头把两光电门与数字毫秒计连接起来.将控制方式选择开关置于"光控"位置;选择适当的计时方式(A 挡或 B 挡);复零按钮置于"自动"位置,选择适当的延时旋钮,按下"0.1 ms"时基信号键,接上电源,经指导教师检查无误后打开电源开关.检查数字毫秒计工作是否正常.

2. 先将气垫导轨调平,然后在导轨左支脚下放两块垫片,使滑块可以沿导轨从左向右匀加速滑动.

3. 以导轨侧面标尺为坐标轴,把光电门Ⅰ和Ⅱ分别放置在

x_1 和 x_2 处.在滑块上装上一个挡光片[想一想：如果选用图 15(a)的挡光片,计时方式选 A 挡还是选 B 挡?],打开气源给导轨送气后,把滑块放在导轨左侧,并使滑块的左端位于 x_0 处(图 17).松开滑块,让滑块从静止开始做匀加速直线运动,记录滑块通过两光电门的时间 Δt_1 和 Δt_2.再重复做两次,每次都应使滑块的左端位于 x_0 处,从静止开始运动.

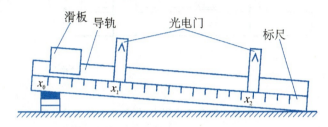

图 17　测量滑块通过两光电门的时间

4. 用游标卡尺测出挡光片计时宽度.

五、实验记录与计算

挡光片计时宽度 $\Delta s=$ ＿＿＿＿ m

序　次	$\Delta t_1/\mathrm{s}$	$\Delta t_2/\mathrm{s}$	$s=x_2-x_1$ /m	$v_1=\dfrac{\Delta s}{\Delta t_1}$ /(m·s^{-1})	$v_2=\dfrac{\Delta s}{\Delta t_2}$ /(m·s^{-1})	$a=\dfrac{v_2{}^2-v_1{}^2}{2s}$ /(m·s^{-2})
1						
2						
3						
平均值	$\overline{\Delta t_1}=$	$\overline{\Delta t_2}=$				

六、思考题

1. 如果选用图 15(b)所示的挡光片,你选用什么计时方式?

2. 如果按照 $a=\dfrac{v_2-v_1}{t}$ 的实验原理测加速度,怎样测量时间 t?

*实验6　观察加速度与作用力、质量的关系

一、实验目的

1. 观察质量一定时加速度跟作用力成正比.
2. 观察作用力一定时加速度跟质量成反比.

二、实验原理

将气垫导轨调成水平,并让气垫导轨上质量为 M 的滑块通过细线、定滑轮跟砝码盘相连(砝码盘质量为 m_0,盘中有质量为 m 的砝码),如图 18 所示.

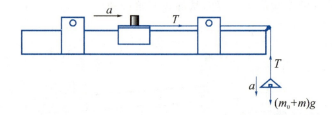

图 18　测量加速度与作用力、质量关系的实验装置

由于线跟定滑轮之间、滑块跟气垫导轨之间摩擦力很小,可以略去,所以滑块在线的拉力 T 作用下产生加速度,砝码盘在合力 $(m_0+m)g-T$ 作用下产生加速度.根据牛顿第二定律,有

对滑块　　　　　$T=Ma$;

对砝码盘　　　　$(m+m_0)g-T=(m_0+m)a$.

由以上两式可解得

$$a=\frac{(m+m_0)g}{M+m_0+m}=\frac{F}{M_{系}}.$$

式中 $M_{系}=M+m_0+m$ 是做匀加速运动的系统(滑块和砝码盘就是以相同大小的加速度一起运动的系统)的质量.上式表明,加速度 a 跟使系统做加速运动的作用力 F 成正比,跟系统的质量 M 成反比.本次实验就是观察上述的比例关系.

三、实验器材

气垫导轨、气源、数字毫秒计、物理天平、砝码、细线、游标卡尺等.

四、实验步骤

A. 验证质量不变时加速度跟作用力成正比

1. 调平气垫导轨后给气垫导轨充气.按图 18 的装置,把质量为 m_2 的砝码放在质量为 M 的滑块上,放在砝码盘中的砝码质量为 m_1,然后把滑块移动到导轨左侧某处由静止释放.质量为 $M_{系}=M+m_0+m_1+m_2$ 的系统就在力 $F_1=(m_0+m_1)g$ 的作用下做匀加速运动,分别记录滑块通过两个光电门的时间 Δt_1

和 Δt_2. 再重做两次,每次都从同一位置由静止释放滑块.

2. 保持系统的质量 $M_{系}=M+m_0+m_1+m_2$ 不变,而改变产生加速度的作用力,即将上述步骤 1 中的两个砝码 m_1 和 m_2 互换位置,使系统在力 $F_2=(m_0+m_2)g$ 作用下做匀加速运动. 分别记录时间,并重复两次.

3. 用天平称出滑块的质量 M 和砝码盘的质量 m_0,用游标卡尺测挡光片的计时宽度 Δs,从标尺读出光电门的距离 s.

B. 验证作用力不变时加速度跟质量成反比

1. 在砝码盘中放入质量为 m_1 的砝码,把滑块移至导轨左侧某处由静止释放,使质量 $M_{系1}=M+m_0+m_1$ 的系统在力 $F=(m_0+m_1)g$ 的作用下做匀加速运动. 分别记录滑块通过两个光电门的时间 Δt_1 和 Δt_2. 再重复两次上述实验.

2. 保持产生加速度的力不变(即砝码盘中仍然只有 m_1),而改变系统的质量——在滑块上放一个质量为 m_2 的砝码,使质量 $M_{系2}=M+m_0+m_1+m_2$ 的系统在力 $F=(m_0+m_1)g$ 作用下做匀加速运动. 分别记录时间,并重复两次. 这个实验步骤跟上面 A 中的步骤 1 内容相同,可以直接引用 A 中步骤 1 的实验数据(如果不想引用 A 中步骤 1 的数据,就将 m_2 换成质量为 m_3 的另一个砝码进行实验).

五、实验记录与计算

1. 质量不变时,加速度与作用力的关系:

$M_{系}=M+m_0+m_1+m_2=$ _____ kg

$s=x_2-x_1=$ _____ m, 挡光片计时宽度 $\Delta s=$ _____ m

力	$F_1=(m_1+m_0)g=$			N	$F_2=(m_2+m_0)g=$			N
实验次数	Δt_1/s	Δt_2/s	$v_1/(m \cdot s^{-1})$	$v_2/(m \cdot s^{-1})$	Δt_1/s	Δt_2/s	$v_1/(m \cdot s^{-1})$	$v_2/(m \cdot s^{-1})$
1								
2								
3								
	$a_1=\dfrac{v_2^2-v_1^2}{2(x_2-x_1)}=$			m·s^{-2}	$a_2=\dfrac{v_2^2-v_1^2}{2(x_2-x_1)}=$			m·s^{-2}

注:$v=\dfrac{\Delta s}{\Delta t}$ 中的 Δt 为时间的 3 次测量值的平均值.

由以上计算结果分析,在质量一定的条件下,加速度与合外力的关系.计算 $\dfrac{a_1}{a_2}$ 和 $\dfrac{F_1}{F_2}$,看二者是否相等?

结论:_____.

2. 作用力不变时,加速度与质量的关系:

$F=(m_0+m_1)g=$ _____ N

$s=x_2-x_1=$ _____ m,计时宽度 $\Delta s=$ _____ m

系统质量	$M_{系1}=$		kg		$M_{系2}=$		kg	
实验次数	$\Delta t_1/s$	$\Delta t_2/s$	$v_1/(m\cdot s^{-1})$	$v_2/(m\cdot s^{-1})$	$\Delta t_1/s$	$\Delta t_2/s$	$v_1/(m\cdot s^{-1})$	$v_2/(m\cdot s^{-1})$
1								
2								
3								
	$a_1=\dfrac{v_2^2-v_1^2}{2(x_2-x_1)}=$		m·s^{-2}		$a_2=\dfrac{v_2^2-v_1^2}{2(x_2-x_1)}=$		m·s^{-2}	

注:用三次测得的时间 Δt 的平均值来计算速度.

由以上计算结果分析,在合外力一定的条件下,加速度与质量的关系.计算 $\dfrac{a_1}{a_2}$ 和 $\dfrac{M_{系2}}{M_{系2}}$,看二者是否相等?

结论:_____.

实验7 火箭发射原理探究

一、实验目的

了解火箭发射的基本原理.

二、实验原理

水火箭发射原理与制作

水火箭是用塑料饮料瓶制成的,其重量轻,有一定的耐压力,并且去掉底部后呈流线型,是很理想的箭体材料.

施放水火箭时,在瓶内装上适量的自来水,盖紧橡皮塞,将瓶身倒置,瓶口朝下放在支架上,如图19所示.用打气筒通过瓶塞上的气门往瓶内打气,当瓶内气压达到一定值时,会冲开瓶塞,瓶体向空中飞射,随着瓶内的水不断下喷,箭体做反冲运动上升.这一现象体现了动量守恒定律.火箭正是根据这一原理设计的(由燃料燃烧生成的高温、高压气体,不断从火箭尾部

图19 实验装置

喷出,火箭同时做反冲运动上升).

在水火箭发射过程中,水起了关键作用:第一,水起了封闭的作用,使气筒注入的高压气体不被泄漏;第二,水的重力增加了箭体运行时的稳定度,不致箭体倾斜;第三,水的下喷使火箭受到反冲作用上升.水量的多少直接影响箭体发射的高度.究竟多少水量使火箭发射得最高?为什么?值得同学们去试验、去探究.

三、实验器材

1.5 L 的饮料瓶(如雪碧、可口可乐瓶等)一只,大小合适的橡皮塞一只,自行车内胎的气门,连同带小橡皮的气门芯和螺帽一套,电钻一个,自行车打气筒一只.

四、实验步骤

1. 自制水火箭(参考实验11所附范例).

2. 取不同的水量,发射水火箭,目测上升的高度,将数据记录在下表中,并分析实践结果.注意:要在室外开阔的地方发射.

次数	第1次	第2次	第3次	第4次	第5次
水量 V/L	0	$0<V<0.5$	$0.5<V<0.75$	$V>0.75$	1.5
高度 h/m					

3. 为了提高箭体发射的平稳度和高度,还可在箭体尾部装上一个尾翼.取一根空心塑料杆(约1 m)及薄塑料片(120 mm×200 mm)三块,在空心塑料杆的一端剖三条等间距的狭缝,将塑料薄片裁成平行四边形,然后将其嵌入杆缝内做成尾翼,用胶带将尾翼绑在箭体上,做成一个"捆绑式水火箭",如图20所示.再将瓶内装 $\frac{1}{3} \sim \frac{1}{2}$ 瓶清水(与表中第3次发射时用水量相同),发射水火箭并观察其上升高度,与表中第3次发射高度进行比较.

图20 简易"捆绑式水火箭"

五、思考题

1. 叙述水火箭发射、上升的原理.

2. 分析你的实验结果,说明水量是怎样对箭体升空高度产生影响的.

实验 8　验证机械能守恒定律

一、实验目的

验证机械能守恒定律.

二、实验原理

把气垫导轨的一端垫高,让滑块从高的一端滑下,如图 21 所示.由于滑块与导轨的摩擦力很小,可以略去,所以滑块自由下滑的过程中只有重力对它做功,其机械能守恒.设滑块经过光电门Ⅰ处的高度和速度分别为 h_1 和 v_1,经过光电门Ⅱ处的高度和速度分别为 h_2 和 v_2.根据机械能守恒定律,有

$$mgh_1 + \frac{1}{2}mv_1^2 = mgh_2 + \frac{1}{2}mv_2^2.$$

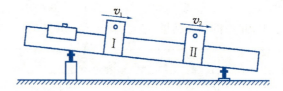

图 21　验证机械能守恒定律实验装置

由于等号两边的 m 可以消去,故

$$gh_1 + \frac{1}{2}v_1^2 = gh_2 + \frac{1}{2}v_2^2.$$

实验中只要测量出 h_1、v_1、h_2、v_2,在误差允许的范围内(相对误差小于 10%),就可以认为机械能是守恒的.

三、实验器材

气垫导轨、气源、滑块、游标卡尺、长直尺、数字毫秒计等.

四、实验步骤

1. 将气垫导轨调平,然后垫高左端,将两个光电门放在适当位置.

2. 用长直尺分别测量两个光电门的高度 h_1 和 h_2.

3. 打开气源,给导轨通气,将滑块放在导轨左端某处,使它由静止开始下滑,分别测出它通过两个光电门的时间 Δt_1 和 Δt_2.再重复两次上述实验步骤,共测出三组时间.

4. 换一个跟上述不同厚度的垫片,重复实验步骤 2 和 3 进

行测量.

五、实验记录与计算

挡光片计时宽度 $\Delta s=$ _____ m

垫片	序次	h_1/m	h_2/m	Δt_1/s	Δt_2/s	v_1/ (m·s^{-1})	v_2/ (m·s^{-1})	$E_1 = gh_1 + \frac{1}{2}v_1^2$	$E_2 = gh_2 + \frac{1}{2}v_2^2$	$\frac{\|E_1-E_2\|}{E_1}\times 100\%$
I	1									
I	2									
I	3									
II	1									
II	2									
II	3									

结论：_____.

六、思考题

1. 分析实验中产生误差的原因.

2. 如果让滑块在光电门 I 处由静止开始释放，怎样写机械能守恒的表达式？

实验 9　研究单摆振动的周期 测重力加速度

一、实验目的

1. 研究影响单摆振动周期的因素，验证单摆的振动周期跟摆长的二次方根成正比.

2. 测定重力加速度.

二、实验原理

A. 研究单摆振动的周期

在同一地方，单摆振动所涉及的因素是摆球的质量、振幅和摆长，这三种因素是否都影响振动的周期呢？我们在实验中，逐次使三种因素中的两种因素不变，只改变一种因素，来研究（测量）振动周期跟这个变化因素的关系，以验证在偏角小于 5°的条件下，单摆的振动周期跟摆长的二次方根成正比.

B. 测重力加速度 g

测出单摆的摆长 L 和振动周期 T，根据公式 $T=2\pi\sqrt{\dfrac{L}{g}}$，即可得出

$$g=\dfrac{4\pi^2 L}{T^2}.$$

三、实验器材及使用方法

1. 秒表：使用前要让表针复位到零处.

2. 单摆及支架：图 22 所示为带有标尺的单摆支架，标尺上有角度的刻线，摆球运动时，摆线的最大偏角必须小于 5°，单摆即做简谐运动.

3. 游标卡尺：用于测摆球的直径.

4. 直尺：用于测摆的细线长度.

5. 有中心孔的小钢球和铝球各一个.

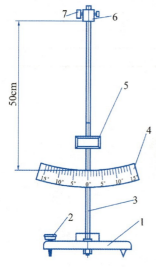

1.底座　2.水平调节螺钉
3.立柱　4.标尺　5.反射镜
6.上座　7.绕线轴

图 22　带有标尺的单摆支架

四、实验步骤

1. 用游标卡尺分别测小钢球和小铝球的直径.

2. 校正标尺. 在摆线下端穿上小铝球，并使之静止. 旋转水平调节螺丝，使眼睛看到的摆线与它在反射镜中的像重合时，摆线恰好对准标尺的 0°刻度线处.

3. 以铝球作为摆球，调节摆长 L（摆线长跟摆球半径之和），使 $L=1.200$ m. 让单摆在摆线偏角小于 5°的条件下，以较小的振幅振动. 测 50 次全振动的时间.

4. 将步骤 3 中的铝球换为钢球，其他条件不变，重复步骤 3，测 50 次全振动的时间.

5. 仍用钢球，摆长仍为 $L=1.200$ m. 让单摆在偏角小于 5°的条件下，以较大的振幅振动，测 50 次全振动的时间.

6. 仍用钢球，把摆长改为 $L=0.600$ m，让单摆以小于 5°的尽量小的偏角摆动，测 50 次全振动的时间.

五、实验记录与计算

当地重力加速度公认值 $g_0=$ _____ m·s^{-2}

序次	摆球 铝	摆球 钢	振幅（大或小）	摆长 L/m	50次全振动的时间 s	周期 T/s	重力加速度 g/(m·s^{-2})	绝对误差 $\|g_0-g\|$/(m·s^{-2})
1	✓		小	1.200				
2		✓	小	1.200				
3		✓	大	1.200				
4		✓	小	0.600				

研究结论：_____.

平均绝对误差 $\Delta g=$ _____ m·s^{-2}；

实验值 $g=\bar{g}\pm\Delta g=$ _____ m·s^{-2}.

六、思考题

1. 测量振动周期时，为什么要测 50 次全振动的时间，而不是只测 1 次全振动的时间？

2. 为了减小计时误差，计时的初位置是选摆球运动经过的最低点还是选摆球运动经过的最高点？

实验 10　用小型水银气压计验证理想气体状态方程

一、实验目的

1. 验证理想气体状态方程.
2. 学会使用气压计测量大气压强.

二、实验原理

当一定质量的气体在压强不太大、温度不太低的情况下发生状态变化时，能近似遵从理想气体状态方程，即它的压强跟体积的乘积与热力学温度之比保持不变，

$$\frac{p_1 V_1}{T_1}=\frac{p_2 V_2}{T}=恒量.$$

本次实验中是让气体在均匀管中进行状态变化. 气体的体积变化完全决定于气柱长度 L 的变化，因此上述方程可写为

$$\frac{p_1 L_1}{T_1} = \frac{p_2 L_2}{T_2} = 恒量.$$

测出气体在每一个状态时的压强 p、气柱长度 L 和热力学温度 T，即可进行验证。

三、实验器材

气压计（公用）、温度计、烧杯、小型水银气压计（它是固定在刻度尺上的一端封闭的 U 形均匀玻璃管，其一端有一段用水银封在里面的气柱）。

四、实验步骤

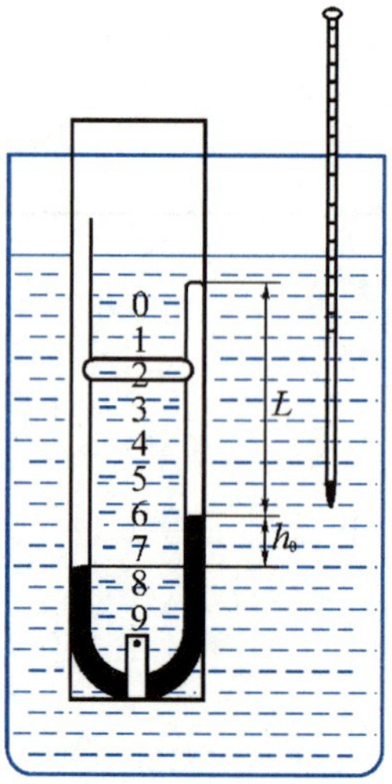

1. 从公用气压计上读出大气压 p_0（用毫米水银柱高表示）。

2. 把 U 形玻璃管竖直插入冷水中，并使被水银封闭的气柱全部没入水中（图 23）。读出标尺上所示的气柱长度 L 和 U 形管两侧水银面的高度差 h_0（毫米水银柱高）。

3. 用温度计测出烧杯内的水温 t ℃，它就是封闭端内气体的温度。

4. 向烧杯内注入适量热水改变水温，使封闭端气体状态发生变化，重复上述步骤 2、3 进行测量。

5. 再向烧杯内注入热水改变水温，重复步骤 2、3 进行测量。

图 23　验证理想气体状态方程实验装置

五、实验记录与计算

大气压 $p_0 = $ _____ mmHg

序次	气柱长度 L/mm	水银面高度差 h_0/mm	气体压强 $p=(p_0 \pm h_0)$/mm	气体温度 t/℃	气体温度 T/K	$\frac{pL}{T}$
1						
2						
3						

结论：_____.

六、思考题

1. 实验时为什么要将 U 形管的封闭端全部没入水中？

2. 气体的压强计算式为 $p = p_0 \pm h_0$，如何确定式中的"+""－"号？

实验 11　小制作

一、实验目的

1. 加深对物理概念和定律的理解.
2. 培养综合思维能力和创造能力.
3. 掌握常用手工工具的使用方法.

二、实验方案

1. 设计制作方案.

利用物理原理进行小制作,是揭示物理现象及其规律的活动,也是发挥我们的创造性、锻炼动手能力的极好的实践项目.

如何着手进行制作呢？先得设计一个比较完整的制作方案,这是进行任何制作均行之有效的方法.设计的内容应包括以下几项：

(1) 确定制作项目,并绘制草图；

(2) 选择制作材料；

(3) 考虑制作工具及测量仪器；

(4) 设计制作的程序、步骤.

如果事先准备好这四个环节,便能保证制作顺利地进行.

下面以水火箭的制作方案为例介绍其设计制作过程.

水火箭的制作方案

(1) 制作项目：水火箭.用以模拟火箭发射.

(2) 制作材料：1.5 L 的饮料瓶（如雪碧、可口可乐瓶等）一只,大小合适的橡皮瓶塞一个,自行车内胎的气门,连同带小橡皮的气门芯和螺帽一套.

(3) 制作工具：电钻等.

(4) 制作过程：

① 去除饮料瓶的底部支架；

② 在橡皮塞中间钻出两个不同直径的阶梯形的圆孔,其剖面呈阶梯形,如图 24(a)所示；

③ 孔内装一个自行车内胎的气门,插上带小橡皮管的气门芯,并用螺帽旋紧,如图 24(b)所示.

在瓶内装上适量的自来水,盖紧橡皮塞,便构成了一个水火箭.将瓶身倒置使瓶口朝下,用打气筒通过瓶塞上的气门往瓶内打气,当内部气压达到一定值时,会

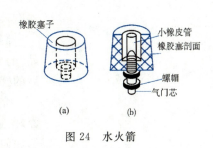

图 24　水火箭

冲开瓶塞,瓶体向空中飞射.

2. 确定选题.

确定制作项目最为重要,须认真考虑,想想要反映物质的哪个属性,或展现哪个现象,或揭示哪个规律.究竟选定怎样的项目,可根据自己的知识背景,从以下几个方面思考:

(1)理论指导.根据所学过的理论知识,可以有意识地选择我们所熟悉的或感兴趣的内容.比如说在电磁学中学过电、磁可互相转换,且知道产生现象的条件,这样就可以有目的地设计出"作品"来反映这些现象和规律.再如,知道动量守恒定律,就可以设计制作出"火箭"来.

(2)留心观察.我们周围的世界是一个物理世界,平时注意观察身边的一切事物,见物思理,就一定能够发现很多物理现象(如惯性、平衡等),以及利用物理规律工作的装置或设备(如杠杆等).有了平时的观察积累,再发挥联想,就可以创造性地设计出"作品".

(3)查阅文献.查阅文献、资料,获取多种信息,拓展思维,这也是一种很好的方法.可以到图书馆去查找一些有关科学制作的书籍和杂志,也可利用计算机"上网"搜索有关资料,仔细阅读这些材料,思考所读的内容,批判性地鉴定这些材料,这样可以帮助我们提出自己的见解,设计出自己的制作方案.

三、实验步骤

根据选定项目需要确定制作材料,常用的材料有金属、木板、塑料和泡沫等,这些材料可选自工业生产的边角料和日常生活的废弃物品,只要性能满足要求即可.然后根据材料和制作要求选择制作工具和仪器.最后全盘考虑制作程序,可以先分几个小模块制作再拼装,也可以先做好主体框架再不断补充完善.总之,应根据"作品"的具体情况,合理地安排制作步骤.

制作过程中总要使用一些工具,常用的手工工具有:锯子(木工锯、钢锯)、钳子(虎钳、尖嘴钳、斜口钳)、台钳、起子(平口起、十字起)、锤子、各种钢锉及电钻、电烙铁等.常用的测量仪器有尺(直尺、卷尺、卡尺)、多用表等.

制作完成以后,应撰写书面报告.制作报告是你对自己"作品"的介绍以及对制作过程的概述,它还应包括你完成"作品"后的感想及改进意见.

介绍"作品"要用准确的语言,正确地描述出"作品"的物理原理,还应该绘制草图,并配上必要的文字说明.需要时还要介绍如何操作以及产生的现象,并记录测量的数据.以上叙述须使用规范的物理、数学符号及标准的计量单位(符号).

在设计和制作过程中,可能会出现一些问题,"作品"可能会留下一些遗憾,你也一定有一些体会和感想.在撰写报告之前,找一找问题,再思考一下已经解决的或尚未解决的问题,总结经验和体会,提出一些修改或改进的意见.这一项工作是非常必要的,它是对整个制作过程最后所作的理性思考,这对提高我们的制作水平大有裨益.

报告最后要附上参考书目(如果有的话).

四、思考题

1. 你绘制草图时,是否遇到设计思想不知如何用图表达? 想一想可以找什么书看一看?

2. 你在制作作品过程中是否受到了材料、工具的限制,将作品简化了? 想一想如果条件允许,制作的作品能达到什么程度?